白鹡鸰

知耕鸟

郭耕拍鸟攻略

郭耕

——著——

科学普及出版社

科学普及出版社

·北京·

目 录

第三部分 | 知行合一花怒放 笔耕福田鸟自鸣

后记

感觉这是一种十分常见的小鸟，

它们不太怕人，

常常飞到园丁身边、房前屋后找虫子吃。

不论在城市还是在比较偏远的地区，

知更鸟喜欢活动于林地、灌丛、森林、公园和花园。

知更鸟·郭耕

第一部分

总有一种鸟在那里等我

趣谈知更鸟

　　这是一位爱鸟之人近两年全国周游、科普巡讲，在青少年心田耕耘播撒绿色种子的躬耕之作，取名《知耕鸟》，但我相信一说到这个名字，大家首先会联想到知更鸟。知更鸟是一种什么鸟呢？

　　知更鸟（英文：Robin），在一些文学作品中常常出现，亦名知更雀、夜莺。其正规的中文学名叫欧亚鸲，拉丁学名 *Turdidae Sialia*，是鸟纲、雀形目、鹟科、欧亚鸲属（Turdidae）的一种小型鸣禽，共 8 个亚种。

　　知更鸟身长 12~15 厘米，翼展 20~22 厘米，体重 160~220 克，寿命约 15 年。这种小型鸣禽很容易识别，它自脸部到胸部都是红橙色，与下腹部的白色形成明显的对比。翅和尾的上半部是棕绿橄榄色。锥形的喙，喙基暗棕色。黑眼睛，细巧的腿和爪浅棕色。幼鸟下体有密集的褐色斑点，直到第一次换羽它才能长出成鸟的红胸斑。

　　知更鸟分布于欧亚大陆及非洲北部，包括整个欧洲、北回归线以北的非洲地区、阿拉伯半岛以及喜马拉雅山－横断山脉－岷山－秦岭－淮河以北的亚洲地区。非洲中南部地区，包括阿拉伯半岛的南部、撒哈拉沙漠（北

知更鸟
即欧亚鸲

回归线）以南的整个非洲大陆，中国西北，特别是新疆有知更鸟的分布。

作者曾在英国甚至德国看到知更鸟，感觉这是一种十分常见的小鸟，它们不太怕人，常常飞到园丁身边、房前屋后找虫子吃。知更鸟喜欢活动于林地、灌丛、森林、公园和花园，不论在城市还是在比较偏远的地区。知更鸟栖息在树林中，常到地面上觅食，或步行或跳跃。大部分为留鸟，但有小部分雌鸟会在冬天南飞避寒，甚至远至西班牙。斯堪的那维亚半岛、俄罗斯的知更鸟会飞至英国过冬。知更鸟在北方产卵繁殖以后，到了冬天，又会浩浩荡荡地回到南方来越冬。它们主要捕食蠕虫、毛虫、甲虫、苍蝇、蜗牛、象鼻虫、蜘蛛、白蚁和蜂类，特别受到棉农的欢迎。在英国、爱尔兰等地的花园，很常见，会趁园丁掘土时飞近寻找蚯蚓。雄性知更鸟对入侵地盘者有很大反应，就算没有被挑衅也会做出攻击，它会用翅膀和腿爪奋力搏击对手，试图将对方压倒在底下，可能持续一分钟、一小时或更长时间。知更鸟叫声啭鸣似笛，在繁殖季节由早至傍晚鸣叫，甚至夜晚。冬季时雌鸟会另觅地方以便喂养小鸟，雄鸟则留守旧巢，全年居于同一地点。知更鸟爱在缝隙或小洞甚至人造物料如弃置水壶或建筑物的架子上筑巢。繁殖季节雌鸟单独筑巢，一般藏匿在植被茂密处。巢的结构是圆顶形，用料有树叶、苔藓、羽毛等，并用小根和头发作内衬。每窝产 5~7 枚白色的卵，卵有红斑点。孵化持续 11~14 天，孵化后再由成鸟喂养 12~15 天后小鸟离巢。小知更鸟羽毛颜色并不显著，在从巢中飞出来的 2~3 个月后，红色的羽毛开始在下巴长出，再过 2~3 个月，鲜艳的羽毛特征渐渐形成。

作者在伦敦拍摄的知更鸟

　　知更鸟在西方文化中具有特殊的地位。首先，与圣诞节关系密切，在圣诞卡和圣诞纪念邮票上常可见到一鸟一兽两种动物的身影即知更鸟与驯鹿。为何有知更鸟呢？据英国古老传说，知更鸟的羽毛本来是咖啡色，当耶稣被钉十字架时，它飞往耶稣耳边唱歌来舒缓耶稣的痛楚，耶稣身上的血于是染在知更鸟身上，自此它胸脯羽毛的颜色便变为鲜红色。其次，英国并没有正式的国鸟。20世纪60年代《泰晤士报》的读者票选出知更鸟为最受欢迎的鸟类。以后，尽管几经游说，英国政府还是没有积极推动国鸟这个概念。知更鸟曾被用作鸟会的标志，但也只是用了几年。英国有两支足球队绰号是知更鸟（The Robins），因为两支球队的主场颜色均为红色。

　　知更鸟是最早报晓的鸟儿，也是最后唱"小夜曲"的鸟儿，故而也称其为夜莺。英国人无论到哪儿定居，心里总怀念着作为乡愁象征和乡邻化身的知更鸟，因而把一些外表大致相仿，却种属迥异的小型鸣禽，也称为知更鸟。于是就出现了印度"知更"、北美"知更"，以致似是而非的各种 Robin 应运而生。

黑水鸡"采蛋"

　　2016年4月底，奉中国科学院老科学家演讲团派遣，我们一行七人陆龙骅、张继民、韩莉、夏青、傅前哨、刘大禾及我前往浙江台州进行科普巡讲。其实人家六人上周就到了，我因团里已事先安排了在中国青年政治学院的课程，所以周日才赶来，本团与台州科协合作多年，近来，他们着重邀请没到过的团员，除了傅老师和韩老师，我们都是头一次来。

　　4月24日一下飞机，一位六十开外的老同志、黄岩的动物标本馆负责人王达秀前来接机，先把我接到他的标本馆，看了其馆藏，令我大为吃惊，一个名不见经传的地方竟有如此丰富的馆藏，尤其是大型哺乳动物，北极熊、老虎等，好在不少是仿真标本。老王也喜欢观鸟，于是，上午他即马不停蹄地驾车带我来到了黄岩的鉴洋湖湿地，白鹭、夜鹭、池鹭、牛背鹭……这里几乎是鹭鸟的聚会地。出于对我的偏好的考虑，他干脆带我投宿到一个位于沙埠镇佛岭水库上方的山庄——太湖山庄，但此太湖非彼太湖，是一个不太大的度假酒店，但有山有水。这下子，我可是如鱼得水了，出门就观鸟，虽然鹊鸲、白头鹎、乌鸫、大山雀、红嘴蓝鹊等都是常见鸟，

台州一对黑水鸡

却有一种令我目瞪口呆的陌生小鸟，能遇不识之鸟，刷新个人观鸟纪录，乃是我的目标，先拍下，再到网上请教，得知此乃"棕脸鹟莺"。次晨又拍到另一种陌生鸟"绿翅短脚鹎"，还在一堆不可胜数的白头鹎之中，发现一只黑短脚鹎。趁着黄昏最后一抹光线，我步行下山，于溪水之畔拍摄到了红尾水渠的雌鸟，这可是一种比较罕见的雌鸟，善于鸣唱和翘尾炫耀的鸟，毕竟多数鸟是雄性在上赶子炫耀。

　　25日上午我在黄岩院桥镇的院桥小学、下午在院桥中学分别演讲"生态　生命　生活"与"灭绝之殇"。26日上午，老王驱车带我来到温岭大溪小学，在学校教师食堂早餐后演讲。台州科协科普部的王茂文部长也赶来捧场了，他恰是此行活动的总协调、总指挥。中午，大溪小学的大队辅导员驾驶她个人的大奔驰送我到温岭富日宾馆，这是我们全体演讲人员集中下榻的地方，我终于归队了，但张继民、傅前哨两位教授还在玉环县，过了一天后，27日才算都聚齐。

　　在温岭科协黄主席的悉心安排下，大家有条不紊地讲课，食宿。我先后抵达新河镇中学、泽国四中、滨海二小。一切晨昏余暇，则都用来观鸟，27日一早不到六点，我已乘车来到一个叫锦屏公园的城市湿地，听说这里鸟多，果然！未进公园，已闻鸟鸣。白鹭、夜鹭比比皆是，有"百舌鸟"之誉的乌鸫，在林中极尽所能地婉转歌唱，煞是动听。

　　从公园边上的一个桥头望去，河岸有一只黑水鸡，哈，此行记录又多了一种！岂止是多了一种鸟啊，接着，前面又过来一只同类，我想，俩鸟会怎样，一般是容易打架，发生领地之争。孰料，它俩不仅没争斗，还若

ROBIN | GUO GENG

即若离地往一块凑，凑着凑着，那只显然是雌鸟的鸟似乎做出要背着雄鸟的邀配举止，而雄鸟竟真的大大方方地登上了雌鸟的后背，哇哇哇，要有好事啦！我屏住呼吸忙把相机架在石桥的栏杆上，以求平稳，透过河上晨雾，拍摄下了黑水鸡"采蛋儿"的全过程，太幸运了！我见过多次黑水鸡，却从未遇见它们展现性行为的时刻，温岭、锦屏公园之行，太值了！

高潮迭起的是，树下是来来往往的晨练人群，树上则是一只黑短脚鹎在扯着嗓门鸣啭，我按下相机的录像按键，录下了这个大嗓门小哥的美丽姿容与歌声，原以为只有深山能见到这种黑鹎，不料一群黑鹎却在闹市中现身，真是大隐隐于市啊！

在我们驻地附近，有一片城中河湖，河边还有一些棚户区和杂树丛生的菜地、荒地，我估计这里会有鸟的，果然在两天中，总是发现在这里频频出没的一只棕背伯劳，显然这是它的领地，于是，我一早来此观察、拍摄，忽然它飞身扑地抓起一只蜥蜴，我赶忙按下录像按键，全程摄录了伯劳进食的场面，这就成为我此行温岭巡讲兼观鸟的又一个亮点。在台州各个学校讲课中，我都不失时机地把所摄鸟片插进演示幻灯片，作为活生生的科教案例、生态和谐的美好场面，与师生们共赏。

叼到一只蜥蜴的伯劳　　　　白头鹎中一黑鹎　　　绿翅短脚鹎

晋见黑鹳

　　2016年11月初，受老科学家科普演讲团派遣来到山西吕梁地区巡讲，这是今秋继恩施（九月下旬）的利川、建始，宁夏（十月中旬）的吴忠、平罗、银川，粤东（十月下旬）的河源、潮州等一系列外出的最后一站，之后的科普课程则主要选在了北京。

　　10月31日，我在山西孝义为六中、七中两校做"生态文明"演讲；11月2日上午在交口县党校为乡镇干部做"生态文明"讲座；下午转战中阳为县二中演讲"生态文明"；11月3日为柳林贺昌中学讲座"魅力观鸟"。

　　此行科普讲座的亮点有二：一是碰上交口县党校的干部培训，为基层公务员讲生态文明，机会难得；二是柳林贺昌中学对讲啥没有特别要求，于是我建议做"魅力观鸟"博物学讲座，为何选此？乃是我吕梁之行的三次观鸟的感发。

　　利用科普巡讲之空闲，晨昏观鸟，已成我的常态，所以有人说"不是在讲课就是在去讲课的路上"，我则说成"不是在观鸟就是在去观鸟的路上"。到达吕梁首日之晨，我乘车来到位于该城西南的湿地"胜溪湖"和"张

山西柳林
看到黑鹳

家庄水库"，看到、拍到了小鸊鷉、凤头鸊鷉、红嘴鸥、白鹡鸰，胜溪湖的漫天红霞和水库湿地的鸥浮波涛，此情此景竟是山西腹地，令人刮目。在为孝义七中的首讲中，我便把刚刚在本地拍摄的湿地鸟类展现给了同学们，不料，这才刚刚拉开入晋观鸟的序幕。

交口县见星鸦

半日车程从孝义到交口县，交口县，是我从未听说过的地方。中午，接待我们的县科学技术协会主席宣布，下午竟然破天荒地没我的课，于是我爬上了就近的"南山公园"（也是意外发现的），从湿地观鸟转为山地观鸟，也不错。拾级而上，满树的褐头山雀、白脸山雀，引我前行，渐入佳境。我发现这个公园纯粹是敞开式的，向南走，没围墙，可以融入大山。一队山羊与我打个照面，我赶紧躲到路边，给群羊让路，一位牧羊人风风火火地跟在羊群后，吆喝着，人和羊的嘈杂一阵风似的，一带而过（这个场面被我拍摄并恰好作为次日讲座涉及"牧童经济"的插图）。路边灌丛又传来特异的鸟鸣，我急忙凝神观察，拍下几只扑扑扇动翅膀的山噪鹛（后来得知叫华北噪鹛）。随着一只不知名的南飞猛禽的身影，我继续向大山深处行进，山头一座古堡状的黄土包吸引了我，蓝天下，夕阳中，拍个照，感觉这一定是一处有历史故事的遗迹（但问当地人，无人能解，次日还委托了党校校长帮我打听古堡的渊源），听说，1935年和1948年毛主席都曾带兵来过这里，住地乃是附近的水头村。

沟壑纵横的山沟，稀稀拉拉的人家，周遭鲜有人迹，难得的荒芜和回归感，最吸引我的则是叽叽喳喳的鸟语，从山梁向下望去，居高临下鸟瞰一条大沟，鸟来鸟去，飞羽翔集，应该是出现了传说中的鸟浪。

红嘴蓝鹊，从上午我们的车进入两面是山坡的公路（当时我不禁联想到第二次世界大战时我军设伏的抗日战场），就数次见到，可惜没机会拍摄，现在终于可以踏踏实实将此鸟的倩影记录在案。松鸦，三三两两地不断在眼前闪现，浑身棕色的羽毛配以蓝色的翅边，格外醒目而艳丽。忽然，一种与松鸦大小相仿，却羽色棕深、身带斑斑点点的大鸟展现眼前，说是眼前，其实至少也在四五十米开外，一时间无所依托，我便手持拍鸟神器——"60×"的高倍变焦机，拉近拍下，回看，不认识，太兴奋了！观鸟中，越是遇到不认识的鸟，越刺激，越兴奋！过后请教高手，得知是"星鸦"，久闻大名却从未拍摄到的鸟，今在交口县的南山得到了，幸运啊！

柳林遇黑鹳

吕梁巡讲第四天也就是最后一日的清晨，我从下榻的位于高高山坡上的柳林民兵营地，信步走出，太阳还未升起，此时拍鸟，光线有些勉强，向下望去，田地房屋阡陌纵横，一条三川河（柳林河段被称为抖气河）蜿蜒而过。忽地发现，在高压线巨塔之巅，几只大鸟端立在上，偶尔还飞起一两只，呀！什么鸟这么大？苍鹭？白鹳？鹤？我赶紧把相机架在山坡土堆上，硕大的个头和粗大的喙部，像是鹳类，可是，怎么拍都是剪影般的黑色，是光线黯淡，还是距离太远？我抑制不住内心的激动，仰望着铁塔上的大鸟，有几只飞向远处的高压线塔，使我获得了平视效果，这才看清，这些大鸟就是浑身黑色的鹳类，别说了，黑鹳无疑！早已听说山西有与褐马鸡齐名的珍禽——黑鹳，但从未奢望有机会看到，毕竟工作繁忙身不由己。不料，今晨，仿佛得到神启，鬼使神差一般，没有多走一步冤枉路，迈出营门，直奔主题，顺着山坡独步而下，抬头见鸟，毫无悬念。日头渐渐从东方展露，稀疏的光芒打在黑鹳的身上，黑身白腹清晰可见，巨大的喙部甚至眼眸都确切地呈现在眼前了，不知是黑鹳比较警惕，还是日出后的行为，一个个渐渐展开巨大的双翼，飞了起来，飞向远方。

此时此刻，我还哪有心思观鸟、观别的鸟呢，满脑子都被黑鹳的身影充斥着，如获至宝，满意而归。军歌嘹亮，军号嗒嗒，我踩着点儿、迈着雄壮的步伐，豪情满怀地回到柳林民兵营，向同伴们显摆起刚刚拍摄的黑鹳图片，当地科协人员大感惊讶，啊，我们这里还有这么珍贵的鸟？全球才几千只？不会吧？就连我们同来的"老科学家"对我的发现也将信将疑。由此，更坚定了我的选课内容，忙不迭地把刚才得到的黑鹳美图做进演示幻灯片，随后在柳林贺昌中学，作为本次科普巡讲的最后一讲，就讲"魅力观鸟"了。

星鸦

松鸦

卢沟斜阳里 摄震旦鸦雀

　　记得《三国演义》里有这样一句话，于百万军中取上将首级，如探囊取物耳！说的是关云长温酒斩华雄，去去就回的豪迈。这次观鸟，如此迅速地来回，和上次拍红隼一样，令人再次体验了一把高效率的拍鸟行动！

　　2016 年 12 月 18 日午后三点，大兴五届政协一次会的预备会刚散，我约上在进修学校工作的韩委员，驾着我的新能源车（她的车因雾霾限号），风驰电掣般离开大兴，顺五环由南而西，奔向丰台的宛平湖，幸亏有导航，否则七绕八拐的，非迷路不可！从区政协活动中心行驶 20 千米，半个多小时到了宛平湖，停车，进门，瞥见芦苇夕阳那边，一大群的"炮爷"在围拍，一瞧这架势，就明白了，我们的目标鸟种就在那里！

　　就在他们围堵拍摄的芦苇荡！果然，走近一瞧，雀语啾啾，棕头鸦雀和震旦鸦雀混在一起，于干黄的芦苇丛中，上下翻飞，全然不顾人们的围摄，周遭听到的几乎一片"咔咔咔咔"的相机快门声，还好，不是诱拍！我与韩老师疾步上前，混入拍摄的人群，轻易就把极其古老、极其呆萌、极其稀罕的号称鸟中大熊猫的小鸟——震旦鸦雀，收入囊中——摄入镜头

北京宛平湖
观震旦鸦雀

ROBIN | GUO GENG

里，拍了一会儿，震旦鸦雀纷纷飞离，最后一个小视频，成功取得，于是，圆满收官，提马折回。圆圆的红日还挂在西边的地平线上，透过灰灰的天，穿过浓浓的霾，显得愈加轮廓鲜明。顺着五环，一阵风儿似的，五点就回到了大兴，这边还没开饭，我们已经忙里偷闲，捧得珍禽佳片，又好又快，心情豪迈！

震旦鸦雀

永定河堤长耳鸮

　　这个周末我在北京见到了"大猫"（猫头鹰长耳鸮的昵称）！现在可以激动地说："大猫"还在！在哪？不能说！为什么？因为一说出来，被人围追堵截地拍摄，它们就惨了。毕竟，道家有云"不知名无以晓利，不晓利无以施害"，就让它们在不知名的荒野里静静地待着吧，它们想静静！

　　周末，来到某动物园，看望老朋友，拍摄了很多动物，但怎么拍，都没有刚才拍摄到"大猫"时的心情那样兴奋，那样刺激，那样野味十足！因为，在不远处与"薛硝烟"鸟友一路寻觅，寂静的冬日，鸟况欠佳，只拍到金翅雀这种比较呆萌的鸟，为何这样说，金翅在树上待着，会老半天不动窝，十分便于拍摄！我望着地老天荒的开阔林地，喃喃自语，这样的环境应该有猛禽啊？至少应该有猫头鹰啊？不料，这没谱的祈祷，竟然换来了我的心想事成！

　　在一片稀稀拉拉的老树附近，我拍摄着远方的山斑鸠，实在是百无聊赖，没啥可看了，调转车头，准备打道回府！还没上大道，我从驾驶室用"余光"瞥见土路的下方，有几棵树形古怪的老旱柳，心说，这些树够年头啊！

永定河堤
看长耳鸮

ROBIN ｜ GUO GENG

忽然，一块树疙瘩一般的物体留住了我的视线，定睛一看，猫头鹰！摇下车窗，举起相机远远拍下这个场面，先留痕，再求美！尽管共发现两只猫头鹰，但树枝丛生，遮挡比较严重，仅能看出大轮廓的鸟形，拍摄效果不甚理想。那也不能就近下车，以免惊飞大鸟！我特意把车向前开了几十米，停车也不敢重重地关门，又向前绕了几步，再从沟里兜回来，渐渐走得接近一些，愈发地蹑手蹑脚！在相机镜头基本能拿到目标的位置，我停了下来，举机拍摄！两只长耳鸮，一只靠着树干，鸟的体色完美地融入了树干的颜色，另一只站在横枝上，比较容易暴露它的行踪，我拍了这个拍那个，又把两只拍到一张画面里，再横着走了几步换了一个景别，拍了十几张，便再也不敢向前了，因为此时，猫头鹰额头的簇毛已经清晰可见，圆溜溜的双眼在怒视着我们，见好就收吧！我倒退着，心里依依不舍，却毅然决然地离开了这对静静伫立的"大猫"。心说，原来你们竟然躲在这里啦！回途，与鸟友兴奋地回味刚才的一幕，踌躇满志地说，我现在已然属于一个民族了——满足！

有人会问，不就是一种鸟嘛，你常常一次观鸟就能见到二三十种，这有什么不同吗？太不一样啦！俗称"大猫"的长耳鸮是我国三十种猫头鹰中的一种，比起拳头大小的小鸮和将近一米高的雕鸮来说，长耳鸮体态中等，其最大的特征就是额头一对簇毛，故名长耳鸮（Long-eared Owl），长耳鸮在全世界有四个亚种，分别是欧亚亚种（也叫指名亚种）、非洲加那利群岛亚种（为岛屿化亚种）、北美东部亚种、北美西部亚种。在北京只有冬季可见，属于本地的冬候鸟，长耳鸮特别适合在古树老树上

遭遇"大猫"（长耳鸮）　　　一窥"白冠长尾雉"全貌

栖息，以食老鼠、蝙蝠、小鸟等为生。它们是一夫一妻，这不，见到的恰恰是相依为命的一对儿，我就在想，如果这一对猫头鹰因我走近而各自逃命，天各一方，那该有多罪过呀！长耳鸮寿命达十多年，个别在二十多年。

　　现在回答我为什么兴奋，因为原来我们观鸟会在天坛公园观鸟，记得北京奥运会前后，年年可见长耳鸮，在麋鹿苑的饮鹿池岸边的老柳树上，也是每年冬季，就能见到十几只聚集一堂的盛况，这些年，天坛的"大猫"没了，麋鹿苑的"大猫"也没了，怎么回事啊？我们观鸟拍鸟的设备越来越好，欣赏拍摄的对象却消失了。就像有一次跟一位爱跑野外的朋友开玩笑，说"装备越来越好，身体越来越孬"。

　　回到猫头鹰的现状，如今是，很多老树被砍了，很多老鼠被毒了，很多老炮追拍把大猫吓没了，幸亏，此处不留爷自有留爷处，北京城区待不住，荒郊野外尚栖身！所以，我对这天（2017.2.18）见到"大猫"的经历，惊叹不已！可谓如得神助，如获神启，驱车百里，直奔主题！

燕之科学文化谈

　　在地球上，人是现存于世的一种动物,燕也是动物,但燕却不是一种(在全球有 150 多种)。前几天, 在北京正阳门, 召开了这样一个特殊的沙龙,探讨雨燕的保护, 为什么在正阳门也就是俗称的前门楼子呢? 因为那里的屋檐下栖息着一些燕子。所以我说这个沙龙是一种动物在谈论另一种动物,毕竟我们都属于动物界，可一个属兽纲、一个属鸟纲, 人是兽纲灵长目人科人属人种。燕是鸟纲下的雨燕目（中国约有 10 种雨燕 swift）和雀形目燕科（中国约有 10 种 swallow）诸种。

　　既然正阳之夜, 话说雨燕, 我们还是说说雨燕的分类及其与北京的关系吧。雨燕是鸟类, 为鸟纲雨燕目雨燕科, 雨燕是其中一种学名为 Apus Apus 的鸟（希腊语"无脚"之意, 其实它们脚趾很短, 且四趾向前, 无法落地行走,只能钩在屋檐、墙壁、岩壁上）, 而雨燕这种鸟恰有一个亚种就叫"北京雨燕"（A.a.Pekinensis1870 罗伯特·斯温侯, 英国鸟类学家）,或曰, 北京乃是"北京雨燕"的科学发现地、模式种产地、夏季繁殖地（令人惊奇的是,雨燕冬季越冬地远在南非）。由此,2008 年奥运会的吉祥物"妮

小白腰雨燕

妮"即雨燕，意味深长。

应该说明的是，以北京之名命名的鸟类并非仅仅雨燕，还有云雀 Sky lark、煤山雀 Goal tit、松鸦 Jay，甚至山鹛还是作为一个种（北京山鹛 Bush dweller）发现于北京。分布于北京的雨燕包括北京雨燕（楼燕儿）、白腰雨燕（麻燕儿）、白喉针尾雨燕（山燕儿）。上个月本人在云南墨江这个号称"万燕之城"的地方，见识了一种雨燕"小白腰雨燕"，也是在屋檐下筑巢。但绝不落在树枝、电线上，如果见到落在这些地方的燕，那指定是燕子（雀形目燕科的鸟，全球 70 多种，中国 10 余种），我们常见的燕子多为家燕（拙燕儿），还有金腰燕。

打小，每逢夏季我从前门楼子下面走过，都会昂头仰望漫天飞舞的楼燕儿，来来回回地捕虫育雏，一只燕每个夏季可食虫约 50 万只，每天往返 180 多次，故而农谚有"燕子田野飞，五谷堆成堆"。它们真不愧是不计报酬的除虫手、任劳任怨的植保员。"翩翩堂前燕，冬藏夏来见"，岁月悠长，春来秋往，燕子为我们捕杀令人不胜烦恼的蚊虫，是人类的好朋友，人类始终也超乎寻常地关注它们，吟咏它们，以燕为美，入诗入画，以燕起名，人名地名……

在汉字里，"燕"字是独体象形字，既无鸟偏旁，也没有成为部首，可见其在古人心目中独特而崇高的地位和神秘属性。北京古称燕京、燕地、燕国，明成祖朱棣被封为燕王，河北亦名燕赵之地，自古燕赵多慷慨悲歌之士。如今我们说起燕京，最熟悉不过的，肯定就是咱北京人喜欢的啤酒了，也不错，至少留个念想呗，您说是不是这个理儿。

雨燕

放飞雨燕

马踏飞燕

各地都有不少的拍鸟"炮爷"

　　诗经中有"燕燕于飞，差池其羽"。中国是一个有着几千年农业文明、追求"风雅颂、赋比兴"文风和田园牧歌情调的国度，在人与自然的关系上也是崇尚唯美与浪漫，相爱称"燕好"，结婚称"新婚燕尔"。在诸多文学描述中不乏燕形象的草根性和亲和性，"旧时王谢堂前燕，飞入寻常百姓家""落花人独立，微雨燕双飞""红粉楼中应计日，燕支山下莫经年""不辞故国三千里，还认雕梁十二回""无可奈何花落去，似曾相识燕归来"。林徽因还有"你是一树一树的花，是燕，在梁间呢喃，你是爱，是暖，是希望，你是人间四月天"……相对于大家熟悉的"枯藤老树昏鸦"，岂知，还有一首描述燕子的《天净沙》"莺莺燕燕春春花花柳柳真真……"。即使在民间也有"燕子不入愁房""捅燕窝瞎眼"的朴素说法，表现人民群众对燕子的一往情深。鸟类需保护，我与燕同住！先人尚且如此，今人岂能无知？

人与自然关系的日趋割裂，就是人格的割裂。劳伦兹说"重建人与其他生物的联系，是一个崇高的任务"。在工业化城市化信息化飞速发展的今天，回归自然回归人文，尤其重要。"文天祥有诗'山河风景元无异。城郭人民半已非。满地芦花伴我老，旧家燕子傍谁飞？'"

千百万年，燕子，见证了世事变迁、沧海桑田，文化负载深重，博物蕴含悠长。我们在强调了"道路自信、理论自信、制度自信"之后，为什么特意加上了"文化自信"呢。首都诸多功能疏解后，为什么只留下了四个中心即"政治、文化、国际交往、科技创新"。尤其需要领会的是，习总书记在最近的讲话中，要求强化"首都风范、古都风韵、时代风貌"的城市特色，在这种语境下，我们彰显"燕京文化"，亮出"古都名片"，恰逢其时。

云南科考识雨燕

　　2017年6月11日一早出家门，奔首都机场与我们"老科学家演讲团"陈洪、陈钰及分队长陆龙骅诸教授汇合，10：00登上南下的飞机经太原、昆明，傍晚6:00终于抵达此行目的地：思茅（普洱市下面的一个区）。云南科协与普洱科协的同志从机场把我们送到市政府招待所——这是一个坐落在山环水绕林木葳蕤的大院里的住处，在这样一个"老少边穷"地区简直不可想象，据说是上任市委书记的"杰作"，但已违纪落马，这座"安乐窝"只好留给后任了。甭管那么多了，我住在这里的两天，课余观鸟，可谓足不出院、左右逢源。

　　6月12日，在滇第一天，上午在思茅职业教育中心讲湿地，下午为思茅四中也讲"湿地"，两场效果判若云泥：上午的开幕式，一个个的领导讲话，耗时过长，远远超过同学们的耐受力，换来的是孩子们一个个的昏昏欲睡，课堂状况可想而知。下午课后，受到的评价却是三有："有趣有才有情"，孩子们纷纷与我合影，其情其景也可想而知。

　　其实云南巡讲头一站，最大收获还在观鸟！第一天黄昏在拍摄棕尾伯劳时，发现同一场合里竟有一只虚化的绿鸟，什么鸟这么漂亮？次晨继续在大院里绕来绕去，终于拍到隐身于密叶丛中的"绿鸟"，应是蓝喉拟啄木，我从未记录过的鸟！可惜光线很暗，画面的色彩不足。继续寻寻觅觅，在一个湿地旁的亭台中刚坐下，忽然发现绿树丛中闪绿影，这种鸟的"拟态"十分巧妙，若非我静守于此，岂能发现，迅速举起相机拍摄，终于拿下蓝喉拟啄木带有眼神光的标准照。我们有句话"一兽顶十鸟"，在这里我竟然还遇见了一只小兽："红颊长尾松鼠"。

知我关注鸟，普洱科协赵主席热情地为我介绍下一站"墨江"的观鸟要点：燕！

6月13日奔赴宁洱哈尼族自治县，途经茶马驿站"那柯里"，虽有修旧如旧的老屋古桥，但我更偏爱那风雨桥下奔涌的河水，特别是浪花里的一对儿红尾水鸲，居高临下，鸟瞰野鸟，岂不惬意！惊喜的是，竟摄录到一只偶然游过的"水耗子"，后来一问，方知是"麝鼩"，简直高大上至极！

中午抵达宁洱，作为茶乡或茶源的宁洱，原名普洱，成立普洱市后，市政府设在了思茅区，这里边不能叫普洱，改名宁洱吧，但宾馆附近的一座名为"普洱茶祠"的高塔似乎在默默地宣告这里的地位。宁洱科协领导忙于政事，派一个姓杨的小伙子协助我们，小杨是彝族，驱车带我前往宁洱直属小学，讲"生态"，课后去附近看一小湖，算是考察了一下生态。

6月14日到墨江，为一中讲《魅力观鸟》，正好把一路感受说与听众，课后趁等晚餐的空当，在教研室上网，终于把此行的第一批鸟图发了上去。墨江下榻的宾馆位于车水马龙高楼林立的市区，无鸟可观，好在燕子飞来飞去，仔细观察，感觉是一种白腰雨燕，尚难确定。所幸，临行前在停车场附近的居民楼上遇见一个燕窝，终于设连拍把这些飞燕记录在案。

"万燕之城"曾作为墨江名片，现在已经被精简成三个："哈尼之乡、回归之地、双胞之城"，恰好脸庞黝黑的哈尼族的墨江科协副主席带我们看了作为墨江名片的北回归线纪念园和双胞纪念园，也算不虚此行。

小白腰雨燕

红颊长尾松鼠

蓝喉拟啄木

抚仙湖畔红臀鹎

6月15日全天赶路，峨山午餐后，我们几人分别出击。途经红河，为干热河谷，盛产水果，我们尽情品尝了云南科协段老师（白族）、和老师（纳西族）二位美女买的杧果和芭蕉，下午终于抵达此行最后一站：澄江。

时间尚早，和老师先带我们到著名的抚仙湖，这里我惊讶地见到湖边一座豪华的希尔顿酒店，如同置身于欧洲，贫富对比，反差十分强烈。

6月16日上午应澄江科协副主席之邀，为仪凤社区讲座《素食：环保与健康的捷径》；下午为澄江一中讲座《湿地，诗意之地》。趁午休去了附近的一处莲池，拍摄白鹭、牛背鹭。

这里虽然地属玉溪，但自然地域同在热带亚热带，鸟类分布差异不大。我还记着普洱科协赵一丹主席的托付，当询问墨江科协主席，此地何燕时，答曰"回归燕"，看来他们都不太懂鸟类的学名，只得靠自己实地考察了。

一路上所见的燕子均在楼宇筑巢，特别在最后参观澄江古动物化石展馆的时候，不远处一座大楼的房檐下竟有一个硕大的燕窝，仔细观察，这竟然是蜂巢环以燕窝的、虫鸟合一的复合巢，天下奇观呀！众所周知，鸟是食虫的，看上去空无一物的蜂巢，估计燕子已经把这里的蜂都赶走了。燕子依然飞来飞去，喂养着雏燕，我用长焦相机连连拍摄下这个情景，有图有真相！凭此查询加请教，最终得出结论：一路随处所见的鸟乃为"小白腰雨燕"，这里，不愧是万燕之城。

噪鹃大年

　　如果说 2016 年给我印象最深的鸟是红隼的话（这一年里在麋鹿苑西北南海子二期荒野最多见的猛禽），那 2017 年，目前印象最深的则非噪鹃莫属了。以前对噪鹃几乎没什么印象，更没拍到图片。今年不知为何，噪鹃与我频频相见！

　　"五一"，在加德满都的唯一一个早晨，尼泊尔高亮博士介绍我到一处当地人晨练的市内小公园走走，不仅见到走大圈的、做健身操的尼泊尔各色人士，还看到拍到了隐身于高高树冠中的噪鹃，尽管很不清晰，也算不虚此行。

　　初夏的麋鹿苑，林木繁茂，途经此地的候鸟纷至沓来，又继续北上。一种极其嘹亮的鸟鸣之声从鹿苑深处、从绿树丛中频频传来"KOEL、KOEL"（此鸟英文竟然就是这个词）……每每音速和音调呈渐增之势，循环往复，不绝于耳，频率越来越快，到最快最高的时刻，戛然而止。什么鸟啊？没听见过呀？我们苑里几位经常观鸟的同事也是一脸迷惑，终于，渐渐有了初识，我们生态室的钟主任说是一种叫噪鹃的鸟，还真

夏季武汉
看噪鹃

是首次见于麋鹿苑啊。

我要看！我要拍！可是，一天天过去，就是只闻其声不见其影，一个清晨，我照例日出而作，开电动汽车早早到苑，终于在麋鹿苑文化桥东北侧的枯枝上，看到一只还叼着果实的噪鹃，虽然比较远，又逆光，总算是成功地拍了下来，首获其影，一睹真颜！后来，又循声找鸟，拍摄到了几次，噪鹃的确很机警、很隐蔽，总是躲在高高的树冠中，难露全貌，幸亏它们叫声高亢，仔细找，还算不难找到，而南海子麋鹿苑一带今年到底来了几只噪鹃、是雄是雌，尚难确定，只知道噪鹃的大小，体似杜鹃，浑身黑色（事实上黑色的是雄性），双眼暗红即眼睛的虹膜呈红色。

雌噪鹃的一身花点

雄噪鹛叼果　　　　　　　鼓噪中的雄噪鹛

一天清晨，在办公室准备上班，窗外又传来噪鹛巨大的声响，我抓起我的 83 倍变焦相机，迅速下楼，仰望楼前传来鸟叫的大杨树，又是只闻其声，鸟呢？几位同事路过，无果，都进楼了，我锲而不舍围着大杨树举起望远镜细细搜索，终于在高树密叶掩映的一根枝干上寻到声音的来源，一只浑身白斑的棕黑色大鸟待在树上，一动不动，却频频发声，而声音与色泽又与前几次见到的纯黑色噪鹛有很大区别，由此判断，这是一只雌性噪鹛，其实我也没见过，猜测而已，并仰面拍摄下这只雌鸟清晰的画面。真像鸟友所说，对噪鹛而言，雌性比雄性漂亮！是啊，雄性的黑衣裳哪有这雌性的花衣裳好看呀！

家有好鸟，还得出差！七月中旬，我受湖北省湿地保护基金会之邀，在徐大鹏老师的安排下，来到武汉后官湖——湿地环绕的职工疗养院，为十余家湿地公园和几十所中小学的骨干教师及领导进行湿地保护教育培训。报到之日的黄昏，我独自在周边观鸟，耳畔竟又传来一声声熟悉的噪鹛鸣叫，冒着"火炉之城"的暑热，我蹑手蹑脚来到发声的树下，抬头仰望，一睹芳颜，一只雄性噪鹛在一遍遍地鼓噪，声传遐迩！我举起相机，拍摄、录像，忙不迭地，噪鹛的清晰影像尽收于相机之中。次日之晨，带大家观鸟，我信心满满地讲给大家"噪鹛"的所在。

讲座前，在武汉美女南老师帮助下，得以用其电脑把我晨昏在周边所摄之鸟图转到演示幻灯片里，及时地播放给了学员们，我的教学立马具备了时效性和存在感。尽管课后我先期离开了，但他们这几天都将在这个环境里，继续陪伴着噪鹛，知其然并知其所以然，不仅能闻其声，而且已见其影了！

观鸟后合影的湖北湿地保护教育培训班

久闻今撞见 苇莺喂杜鹃

　　今天发微信，自爆"获大奖"了，啥呢？看到了、录到了"养母"苇莺饲喂宝宝大杜鹃的场面。一早，风驰电掣（车）抵达麋鹿苑，我虽然在此工作20年，观鸟10年，但兴致不仅未减，反而与日俱增，为何？因为尽管天天在不到千亩的麋鹿苑里转悠，舞台不变，但随着季节变换，"鸟演员"们你方唱罢我登场，角色常变，就是同一角色、某一种熟悉的鸟，也会不时给你上演惊人的新剧目，这就是观鸟的乐趣。

　　今早独自走在鹿苑东区的水泥路上，听得北侧鹿苑唯一荒野的桃花岛附近，传来一阵急切的鸟鸣，一眼望去，一只苇莺上蹿下跳，鸟虽很小，但动静不小，还是容易发现，怎么了？我举起望远镜上上下下仔细观察，忽然发现在这棵小树的下端横枝上，端端地站着一只大鸟，猛一看以为是红隼，我喃喃自语，难道是猛禽进到了鸣禽苇莺的地盘，苇莺在驱逐它？再看，不对呀，两只鸟并非对立的敌人，而是相呼的"亲人"，我忙不迭地举起相机，拉近再拉近，先轻易地拍摄到了大鸟——一只杜鹃稳健的雄姿，这只棕色的、浑身带有棕色虎斑花纹的杜鹃，还在不断哆嗦着翅膀，

鹿苑拍到
苇莺喂杜鹃

并发出雏鸟乞食的鸣叫，而疾来疾走的小鸟——一只浅褐色的大苇莺，竟是频频来喂食的妈妈角色。拍摄到了杜鹃图片，得到了投喂的珍贵视频，虽然仅仅几秒，但见好就收，鸟儿还在那片树丛，我已悄悄退身而去。

这就是久闻大名的寄生与代养关系两种鸟——大杜鹃与大苇莺，但大苇莺，尽管名大，其实小如麻雀，而大杜鹃即四声杜鹃，已经与成年杜鹃大小相近了，只等亲妈的呼唤，远行非洲了，这是近两年才被人们凭借定位技术，揭示的真相——杜鹃的越冬地，乃是非洲。

而说到杜鹃的寄生性，也是大自然的奇特造化，春夏之季，杜鹃从南向北，万里赴戎机，关山度若飞，飞来繁殖地，即我们身边，通过昼夜不停地鸣叫，侦缉到抱窝中的鸟（大杜鹃专找大苇莺），这位大鸟便伺机把蛋下到小鸟的巢中，杜鹃的蛋不仅酷似苇莺的蛋，使苇莺难辨真伪，来者不拒地抱窝，而且杜鹃能早出壳，出壳的小鸟，天生绝技，把苇莺的卵，挤到巢外，结果，这窝苇莺的妈妈就成了名副其实的"养母"，把小小的大杜鹃饲喂成了比自己大好几倍的大宝宝，也就是今天所见的情景。双喜临门，今天，2018年7月26日，真是难忘的日子，因为外孙小则在40天刚过的日子里，突然长本事了：小眼神会追着人看并对我笑了！

世界真奇妙！万幸能看到！

苑见棕腹啄木鸟

　　尽管在麋鹿苑观鸟，犹如大海里捞针一般，但锲而不舍终究还是能捞到的，而且，在狗年八月底，我竟捞到了珍禽——棕腹啄木鸟。

　　清晨，我一如既往地环苑行走，几乎一无所得，快八点了，在文化桥的北头，余光瞥见一只啄木鸟飞过，对这波浪似的飞行轨迹，我早已熟悉，但自从苑里两位同事都说见到过棕腹啄木，我便对这些见怪不怪的鸟比较留意了，尽管每天常见的多是灰头绿啄木、大斑啄木、星头啄木，可我还是对刚刚飞过的、落在几十米开外麋鹿苑核心区里的一棵榆树上的啄木鸟，用望远镜观察一番，不看不知道，一看吓一跳，原来，这惊鸿一瞥竟发现了一种我在麋鹿苑从未见过的啄木鸟——棕腹啄木！虽然不是我的加新鸟种（去年我与夫人在农展馆见到了），但在麋鹿苑能见到棕腹啄木鸟，还是令人兴奋得不行！在拍摄几张之后，我便将相机转换为摄录模式，一边录，一边还在喃喃自语"终于见到你，棕腹啄木鸟，毕竟是在麋鹿苑啊！就像在家里"，可想而知，以苑为家的我，何其激动。

　　之所以能坦然地又拍又录，静动结合，是因为距离很远，我又把相机

棕腹啄木鸟
在麋鹿苑

麋鹿苑遇到棕腹啄木鸟

架在文化桥的水泥栏杆上，丝毫没有打搅到摄录对象，且支点稳如泰山。也拍了，也录了，这只红头的显然为雄性的棕腹啄木鸟还毫无去意，我便绕到其北侧，在麋鹿核心区的外围土坡上，这是距离那棵老榆树最近的距离，再次举起相机，待这只棕腹啄木鸟从密集的树叶掩映的树干攀上裸露的地方，我又屏住呼吸、大气不敢出、不失时机地按下快门，从更近距离和几乎平行角度拍摄了这难得一见的棕腹啄木鸟的珍贵场面，再激动也不能出声，毕竟是可遇不可求啊。

过后，有鸟友闻讯前来，我只能指着这棵榆树说，这就是我见到棕腹啄木鸟的地方，感觉该立个牌子"某见某鸟之处"。回看照片，细细欣赏，此鸟红头、红臀，棕色的胸颈腹，黑色背羽带有点点白色横纹，因此，棕腹啄木鸟，又被称为"横纹锛喇木"，属于鸟纲，䴕形目，啄木鸟科，我国叫啄木鸟的鸟约有 30 种，南方居多。棕腹啄木鸟在北京、在麋鹿苑，都是极其稀罕的鸟种！因此，2018 年 8 月 28 日这天，是我非常幸福的一天！就算获大奖了！

白鹤翩翩舞南昌

　　一早七点半鸟友们自行解决早餐，上旅行车（提前包车），依导航奔赴五星垦殖场，又名知青公园。在鄱阳湖的一个大堤下，先见三只灰鹤在觅食，停车！刚拍即飞。继续行进到五星垦殖场二十一团部，开始见有写着"观鸟点"的牌子，李强会长带我们径直抵达目的地，是一个私人池塘，每位 100 元，进铁门，遥见方方正正的池塘中又白又大的鸟——此行目标鸟种"白鹤"。

　　钻进沿塘修造的长长的大棚，里面已经有不到十人在拍摄，加上我们是多人，还算空间比较宽裕，小板凳上一坐，便可以舒舒服服地拍鸟了，这种塘拍，我还是第一次，闲云野鹤就在眼前，有点饲养的感觉，但都是一个个两口或三口以家庭为单位的野生白鹤。全球白鹤四千多只，鄱阳湖就有三千四百多只，由于西线、中线几乎均无，所以这里就更是白鹤赖以生存之地，作为涉禽，湿地水量不能太浅太少，也不能太深太多，否则它们无法生存。我们眼前，除了满眼的白鹤，就是大群的小天鹅、鸿雁了。鹤立鸡群的白鹤对过往之人很敏感，稍有动静，便振翅飞起，我们的相机

鄱阳湖白鹤

也就跟随其身影发出连拍的嗒嗒声。飞翔版的鹤，我从来没有拍得这么过瘾，简直快门按得手抽筋！

走出拍摄棚，不远处的湿地，鸟多如浪，所谓"鸟浪"，各种鸟在只剩稻茬儿的水田集中，但一只拖着半边翅膀的鹤鹬令人心疼，有队友问，可否救护一下，我说没必要，顺其自然吧。说不定你抓起它来，大受惊吓，死得更快。任其在自然界求生，就看它的造化了。天上地上，水里树丛，各种涉禽鸣禽，你方唱罢我登场，令人目不暇接，鄱阳湖真是观鸟的好地方。

肚子饿了，订好了在几千米外的"王子庄园"午餐，我心不在焉地扒拉了几口，便一头钻进橘园，因为同行"牛鸟友"说有灰背鸫，寻找一圈，能见到却拍不到，发现鸟怕人。后来我干脆坐在一棵橘子树下，等鸟，还真奏效，一会儿就有灰背鸫露面，可惜，总是刚要拍，就有人来，每每打破我的好梦，最终，我躲在一个犄角旮旯，等来了半推半就的灰背鸫，坦坦地按下了快门，如愿以偿拿下灰背鸫之美图。

对了，昨晚，我的党校同学江西教育厅刘厅长如约前来相见，我们观鸟人都是 AA 制，历来不讲究吃住，所住的宾馆档次不高，房间狭小，于是就在大堂聊聊天，合个影，发了朋友圈，不请吃，只聊天，即告圆满。但听她介绍江西的很多人文与自然的特色，令人深受启发，尤其对一些所谓欠发达地区遗存有大量古镇老屋，十分向往，也令人反思。此时忽然想起时任江西省委书记鹿心社的一席话"江西基因红，生态绿"，言简意赅啊。

晚上，领队唐老师及时统计了今日拍到的鸟种，昨天前天各 40 种，今天仅半天得到的记录就达 30 种。

鄱阳湖白鹤

偶遇苍鹭吞大鱼

截止到 2018 年年末，我就将在麋鹿苑工作整整 20 年了，但学会观鸟才是近十年的事，自从学会观鸟，我对麋鹿苑的认识发生了质的变化，通过观鸟摄鸟，才真正走近、贴近自然，举手投足能体会自然脉动的韵律、俯仰之间可领略物候转化的气息。通常，我把检查巡苑、暴走锻炼、观鸟拍鸟融于一体，但有时也空手而归，毕竟在苑观鸟，并非弹不虚发、每战必得。还常常遇到这样的境况，全程都很闷，甚至了无所得，几乎快要失望而归的时候，峰回路转，或目标鸟种乍现，或遇陌生鸟类，或者拍到绝佳场面。

记得那是阴雨初霁的一个午后，在苑顺时针暴走，环苑观鸟，走了几里地，了无收获，就在即将收兵之际，我从鹿苑西侧栈道，遥见水边百米开外，麋鹿群前，一只苍鹭埋头苦干，干啥呢？相机拉近一瞧，它竟然是在鼓弄一条大鱼，哇，好肥厚的草鱼，足有 1 尺（1 尺 = 0.33 米）多长。但见这只大鸟费力地叼起大鱼又放下，放下又叼起，锲而不舍，怒目圆睁，直至把鱼叼稳、位置摆正，怎样才算正呢，即鱼头对鸟嘴。这时，苍鹭的长喙张到了极致，昂头抖动，囫囵吞咽。

有苍鹭：
麋鹿涮水 苍鹭一排

为了防止拍虚，我把相机架在木栈道的栏杆上，跪在地上，一下接一下地按着快门，把苍鹭吞鱼的整个过程全部拍摄了下来，直到最后，鸟嘴根处，仅见鱼尾。一整条大鱼，就这样从苍鹭的头、颈逐渐滑下去，眼看着一个鼓鼓囊囊的东西，就像蛇吞象似的，被苍鹭，这种苗条纤细的大鸟，不可思议地吞入腹中。我时常想入非非，如果我晚些出来，如果我直截了当直奔某地、直奔主题……如果这次我逆时针巡苑，会不会也能收获佳片呢？

　　一阵风雨，催我回屋。回放照片，志得意满。风雨过后，彩虹呈现。美景当空，令人情不禁地哼起了成龙的那首歌"不经历风雨，怎么见彩虹，没有人能随随便便成功……"忽然，好像醍醐灌顶，得到某种启示，好事多磨，哪有捷径？

　　一位颇有慧根的朋友说"你能见鸟也是缘，佛度有缘人"。常说，不受磨不成佛，修炼不到，岂能得道！观鸟亦如修炼，雨后才见彩虹！

白胸翡翠吃大鱼

苍鹭吞鱼

鹿苑飞来
火烈鸟

　　羊年岁尾，晨光熹微中，我已驾驶电动汽车回到麋鹿苑。八点多钟，天色渐亮，跨上相机、望远镜，入园观鸟，这几乎成为我一年来的新常态，因为，这既是考察、拍鸟看鹿，也算巡视，暴走加健身，一举多得。与往常的独步不同，今天，技术员刘田跟在了我的身后，说是学习，哪料，他更加独具慧眼。

　　沿着麋鹿苑西侧栈道南行，遥见落水坝后的枯草上一点靓丽——我指点着，那有一只普通翠鸟，刘田感叹道："那么远，那么小，都能看见！"在落水坝涓涓溪流的尽处，越过围栏，是一个冰湖，冰面上覆盖着黑压压一大片野鸭，有待辨认，即所谓"摘鸭子"，从众多的绿头鸭中找出异类，最近诸如斑嘴鸭、花脸鸭、绿翅鸭、赤膀鸭、鸳鸯等都有出现。

　　我只顾拍小翠——一种常见于麋鹿苑的翠鸟，而刘田人小眼尖，率先从那堆飞禽中发现一只异类，声音不大，却令我十分讶异："郭主任，那有一只火烈鸟。"啊！怎么可能？我抬眼望去，并举起望远镜仔细端详，果不其然，一只单腿站立的火烈鸟，尽管色泽不是鲜红如火，但硕大而下

火烈鸟来到
麋鹿苑

弯的喙部特征，S形的身段，足以证明这是火烈鸟。

"估计就是那只，上周还在京东的温榆河，现在怎么竟然飞到了京南的麋鹿苑？"刘田不解，我便把周日北京野鸟会开会，鸟友张鹏给我展示他刚在温榆河拍摄到了火烈鸟的故事讲给刘田听。当时，我向张鹏打听好了具体地址，说是乘地铁15号线在孙河下车东行即达。回家后，我还耿耿于怀，跟夫人商量一同去看这位海外稀客——火烈鸟，只是尚未抽出时间，不料，它却神兵天降，自己找上门来。难道是心有灵犀、心想事成？其实都不是！鸟本无意，痴人有心，心系鸟兽，情结异类。

就像年初，一只绰号"大葱"的绯胸鹦鹉从首都机场一带飞到麋鹿苑

鹿苑来了火烈鸟

一样，这只火烈鸟能从顺义飞来，并不奇怪，毕竟，鸟有能力找到生态良好之地栖身。值得探讨的是，这种大火烈鸟原产非洲，是怎么万里迢迢，来到中国的呢？有一解，乃是迷鸟，前几年有鸟友在洞庭湖也发现一只火烈鸟，而今竟然会迷到北京来了吗？还有一种解释，就是人工饲养的逃逸鸟。看此鸟色泽灰白，尚属两三岁的亚成年，最容易逃逸，比如，麋鹿苑经常有孵化成功的黑天鹅、小天鹅、鸿雁，展翅飞翔，有人提议给断翅，我则反对，认为应让其自由飞翔，但人家说，飞出去被人捉了杀了吃了咋办？我说，这不正说明一个真理，保护动物的关键，不是把动物关起来，而是把人管起来，管好自己，天地自然就和谐了。

我们把火烈鸟"莅临"麋鹿苑的消息网上一公布，立马迎来一大帮嗅觉敏锐的拍鸟大爷，长枪短炮，数十人一字排开，煞是壮观。

天鹅"莅临"南海子

　　疣鼻天鹅是一类大型游禽，虽非罕见，但无论水面开阔的南海子，还是已建30年之久的麋鹿苑，都无发现记录。尽管来过白枕鹤、白琵鹭……却从无疣鼻天鹅光临的记录，因而这次是零的突破。

　　2016年10月26日，正值仲秋，我全天参加北京市政协的活动，没在单位，晚上，同事小钟在麋鹿苑的微信群里展示了一张天鹅图片，问哪拍摄的？答南海子沙洲，仔细琢磨这只天鹅的特征，与我们麋鹿苑所拥有的大、小两种天鹅都不一样，其纯黑色的喙，使我想起玉渊潭公园20世纪80年代被射杀的那只天鹅的标本，就是这样子的。成年天鹅毛色雪白，而此鸟白色的身躯上不乏灰黄的斑驳，一定是一只未成年的疣鼻天鹅，当即做了判断，很快得到大家的认同。

　　次晨，我天不亮就到了麋鹿苑，稍微放晴便疾步奔向南海子沙洲，那水边栈道上已经有两位拍鸟大爷，据说也是闻听有天鹅才等在这里的。遗憾的是，除了几只绿头鸭、斑嘴鸭，一只黑水鸡，根本没有天鹅的影子，我登上桥头鸟瞰湖面全景，见东湖远方一对红嘴鸥，桥下一对翠鸟，赶忙

疣鼻天鹅

举起相机，——拿下。在悻悻而归的路上，同事刘田来电话说，那只天鹅飞来麋鹿苑啦！嘿，调虎离山啊！在就好！我赶忙往回奔，到了苑"森林木十"雕塑附近，透过围栏南望核心区，只见小河之上一只优雅的天鹅，曼妙地在水面浮动。这下可令人放心啦，因为听说昨日它在南海子沙洲休息时，不断受到人们甩鱼钩、甚至打弹弓的威胁，那边多如牛毛的保安都干吗去了？我立即通知麋鹿苑保安、绿化、饲养、施工几个部门，不得进入这位天外来客天鹅的附近、不得做出任何干扰行为，我们的保安也真给力，监控室的摄像头开始对它全天候地监控。我与生态室钟主任则远远地用长焦相机把这只天鹅的画面拉近拍摄，其颈部的 F67 环志号和背部的太阳能蓄电板都能瞧得清清楚楚。

但见几只本地天鹅正在迂回接近野天鹅，要干吗？还用说，准是想驱逐这位不速之客。果然，当这只疣鼻天鹅蹒跚登岸，准备吃草时，一只小天鹅（这种天鹅名称是小天鹅，其实是个成鸟）冲向了疣鼻天鹅，疣鼻天鹅稍微做出一个对峙姿势，便落荒而走，毕竟强龙不压地头蛇呀！那只小天鹅马上回到它们的族群中，三位大白鸟面对面扇动着翅膀，不知是在会商对策，还是耀武扬威，总之，显然在欺负这只势单力薄的疣鼻天鹅。也怪，一般天鹅迁徙都是一家或一对，这只怎么如此地形单影只呢？

令人欣慰的是，回到办公室，从麋鹿苑兽医王大夫那里得到了更多的信息。原来，昨天她从内蒙古乌梁素海自然保护区的同仁那得到信息，据其 GPS 监测，发现一只做了环志和身带发射器的疣鼻天鹅飞到了南海子，请王兽医过去看个究竟，一看果然有！这才有了上述所讲的一切，听说保护区的同志一共环志了 10 只疣鼻天鹅，随着迁徙季节的到来，这只今年五月份才出生的年轻天鹅，不知是受体内的荷尔蒙的驱动，还是具有急切的个性，自己就单个起飞了，踏上南迁之旅。五天来，先在包头的湿地小憩，继而飞向了京南湿地南海子。今天，则又换到更为安详、有天鹅同伴生活的麋鹿苑。有人说是不是要把它扣住，我说不可！野生鸟类，就应自来自去，任其万水千山。当然，迁徙之旅，可能险象环生，关键是，水禽最需要的是湿地，最不需要的是人为干预！

昨天下午，一阵微雨时，疣鼻天鹅展翅升空，脱离了我们的监控范围；今晨，我们几位时时为它牵肠挂肚的保护人员，走遍了麋鹿苑及南海子，再未发现这只与我们萍水相逢、又无憾飞走的疣鼻天鹅，祈愿这位年轻而孤独的天之骄子能够一路顺风，安然迁徙。

疣鼻天鹅在南海子

中华攀雀 隐身芦苇

拍到中华攀雀是 2016 年的事，首次遇到，则是在 2015 年。

年关将临，元旦前夕，同事们归心似箭，都希望早发班车早回城，中午一点，已是人去楼空。趁着冬日午间明媚的阳光，我独自带上望远镜和相机，一路观鸟，早晨还说到的花脸鸭，又在麋鹿苑的冰湖上现身了，只是需要在成百上千只的绿头鸭中仔细地"摘"，但是，沿着湿地栈道一字排开的拍鸟"大爷"们对这位异类，基本都是视而不见的。

我信步走出麋鹿苑的南门，进入南海子这个更大的园区，先在"晾鹰台"一带的针叶林内发现戴菊，这种额头带着一点橘黄的小鸟，据说是我们身边体型最小的鸣禽之一，拍到它，可是需要有点儿耐心和定力，因为这鸟几乎没个消停劲儿，上下翻飞，感觉镜头和快门总是慢半拍，拍十张能拿下一张就算不错，好在得到两张黄头黑眼珠的戴菊特写，绕湖而归。

在途经南海子湖岸湿地时，一只出没于苇地的鹩鹩留住了我匆匆的脚步，一声脆脆的鸣叫，一幅回眸翘尾的姿态，令你难以舍弃，于是跟着这只鹪鹩走进被芦苇掩映的木质栈道，鹪鹩早已杳无踪影，耳边却传来嘎嘎的嗑苇子的声响，这是什么动静？我屏住呼吸、凝神观察，在芦苇丛中，竟然发现几只很小很小的灰色的鸟，却比较沉静地站在芦苇枝干上，嗑着苇秆，赶快掏出相机拍摄，无奈，它们都在苇丛深处，任你怎样对焦，也难以对到鸟的身上，只得到几张模模糊糊的照片，回来放到群里一问，有说是文须雀的，有说是攀雀的，这便成为2015年留给我的一个悬念。

2016年1月4日，休假结束，我终于开始上班。天刚亮，我便奔向南海子，去寻觅那神秘的苇中精灵。这次，没碰上那曾经引导我的鹪鹩，沿着冰湖沿岸的芦苇丛，且行且听，几声鸣啾，驻足观瞧，它果然还在这里，两只灰色小鸟，浓重的黑色过眼纹，俨然一副伯劳的模样，只是比伯劳小得多，甚至比麻雀还小巧。

中华攀雀来鹿苑

这回，我啥鸟也不找，就奔着芦苇中的你！我左一张右一张，上一张下一张，寻找着芦苇间的缝隙，努力把焦距对在鸟的身上，功夫不负有心人，终于得到几张清晰的特写。阳光愈加明媚，我越战越勇，不断按下快门。忽然，手机不合时宜地响了起来，是个会议通知，总是这样，在我静心凝神的拍鸟时刻，出现讨厌的打扰。接完电话一看表，坏了，九点了，赶快收兵！而这两只芦苇中的小鸟，绝地反击似的，也不再隐身茂密苇丛了，欢叫着，甚至站到了高高的芦苇枝头，那镜头感，甭提多强了，我瞠目结舌地望了望亮相的小鸟，美啊！可必须忍痛割爱，得上班啊！此时的心情就像儿时听过的芝麻开门的童话，进入藏宝之门，必须拿了便走，不可贪心，否则，大门就要关闭，别说宝物无收，连小命都会留下。当然，今天没那么邪乎，但我也不能耽误正事，何况已经得到几张清晰的鸟片，您就满足吧！

　　回到办公室，把一早的拍摄收获放到电脑上，嘿！那叫一个清晰，还带着眼神儿呢！查鸟谱，问鸟友，一番学习，我个人的一个观鸟新种诞生了，原来，芦苇丛中拍到的、貌似小号伯劳的鸟，名叫"中华攀雀"，没听说过吧，多么大气的名字啊！放到微信上秀秀鸟图的同时，还顺带设身处地借鸟之口宣传了一下寒冬芦苇存在的生态价值：谁说枯苇无用处，中华攀雀赖栖身！

我为京鸟添新种：黑眉柳莺

　　作为一个生于斯长于斯的北京人，一个行走在特大城市的现代人，还有贴近自然的生活方式吗？我可以自豪地回答：有！在京南五环之外的南海子麋鹿苑，因职业的缘故，随着时光的转换，四季的变换，我几乎日日都在与鹿共舞，伴鸟而歌，既观察麋鹿的行为，更观摄飞鸟的去留。尤其在2014年买了我的第一辆私车——一辆北京新能源电动汽车后，便黎明即起，疾驶回苑，停车充电，健步巡园。我自称这是一个都市人的另类生活。

　　经常有人问我，什么季节去麋鹿苑最好？答：四季皆宜，春有百花秋有月，夏有凉风冬有雪，当然，这是比较浪漫的说法。唐代诗人高蟾的一首《山中》描述的境界，则更令人欣赏："凡鸟爱喧人静处，闲云似妒月明时。世间万事非吾事，只愧秋来未有诗。"其实，春夏秋冬，各有所得。每当独在鹿苑徜徉，享受那份静谧和安详，那是一种远离都市喧嚣所带来的归属感，那是一种只有用平淡之心去发现，才能感受的悠然之美。我喜欢站在麋鹿苑内的观鹿台张望，那里碧水如带、波光潋滟，成群的麋鹿伴随鹤鹭鹳鹬等水禽临水而立。每回，我不仅是极目远眺，也是用心体验这燕来雁往、春华秋实的轮回。

多年鹿苑观鸟，多有休闲成分，但2017年清明，我在麋鹿苑西侧栈道旁的灌丛随意拍到了一只柳莺，当时只是觉得奇特，并未认出属于哪个种类，之后放到微信群里求鉴定，有人说出了"黑眉柳莺"的名字，却因不是本地分布鸟种而有几分疑惑。过了几天，在与我们生态室钟主任一起鹿苑观鸟的路上，最大收获竟是他要去了我的黑眉柳莺图片，拿给"中国观鸟会"的新种登记人员并请专人予以鉴别，得知，这乃是北京尚未记录过的一个新鸟种。一不留神，创下了一笔新纪录，竟为我平淡的鹿苑观鸟生涯，平添了异彩。虽说是"瞎猫碰上了死耗子"，其实，这与我平时的积累与坚守，不无关系。

黑眉柳莺

鸬鹚冬临麋鹿苑

在麋鹿苑这个不到千亩的自然环境里，因三十几年保护麋鹿的需要，维持了一处处的湿地，周围的南海子湿地更是垃圾坑变为大公园的华丽转身，而这些湿地每年又吸引来了各种鸟类的停留、觅食、歇息，野生动物的光临与栖息，给这里的生态质量做了最好诠释，也是最高赞誉。

2016年的秋冬之际，正值候鸟从北向南迁飞的季节，10月下旬，我们发现一只疣鼻天鹅来到南海子和麋鹿苑，11月18日又见一只大天鹅在麋鹿苑独自游弋，这些从天而降、纷至沓来的大型游禽，令人惊喜，于是我在微信上将世界上各种天鹅的图片，从中国的三种白天鹅"大天鹅、小天鹅、疣鼻天鹅"到外国的三种天鹅"澳洲黑天鹅、北美黑嘴天鹅、南美黑颈天鹅"一一展现，正感叹今年简直是个"天鹅年"，不料，同事和我又先后见到鸬鹚这种大型游禽"莅临"了。

头两天我先是远远见到、拍到飞翔中的鸬鹚，一个午后，又在南海子湖东小岛遥拍了一对鸬鹚。因连续两天人在市内开会，心却惦记天鹅和鸬鹚的动向，于是，11月25日一早，我便趁着红日初升时刻，顺着苑西栈

鸬鹚

道一路观行,鹟和山雀的吱吱声发自脚下的灌丛,使我盘桓其间,不忍离去,忽然,头顶飞过两只大鸟——哇,从带钩的喙部一下认出,那不是鸬鹚嘛!还说再去南海子看它们,这鸟却主动来看我了!观鸟中,我常常如此地自作多情,呵呵!

这对儿鸬鹚在麋鹿苑西部湿地上空盘旋了一会儿,便降落在水对岸的一棵大柳树上。这等距离对鸟是安全的,对我的高倍相机也是有效的。于是,我左一张右一张地拍摄,简直过足了瘾,待到日头高照,我也该收兵回办公室了,而两只鸬鹚还在那里歇息,除了乌鸦喜鹊们一次次的俯冲,把鸬鹚当作初来乍到的不速之客,它们在这儿还是相当安逸的。说起鸬鹚,大家一定对南方的鱼鹰比较熟悉,鱼鹰就是鸬鹚这类鸟,不过鱼鹰是人为驯化的用来捕鱼的工具,据说一只鱼鹰一年可捕鱼 500 千克以上,鸬鹚则是真正的野生水鸟。

鸬鹚在全球有 40 来种,均被《世界自然保护联盟》(IUCN)列入 2012 年濒危物种红色名录的"低危(LC)"等级。中国有 5 种,眼前的这种叫普通鸬鹚,鸟如其名,它们在我国南方本来是比较普遍的,由于长期被大量捕捉和环境破坏,野生种群数量也变得很稀少和不常见了。这些年在南海子麋鹿苑,我还是头一次遇见,所以异常兴奋。之所以兴奋,不仅是从自然保护的角度,从文化传承与发扬的角度,也令人感慨良多,毕竟,我们眼中的生物多样性与文化多样性是相辅相成,同盛同衰。

我们通常把鸳鸯、鸿雁、燕子称为文化之鸟,因为几千年来一直受到人们诗歌辞赋的吟咏,但鸬鹚也毫不逊色,我非常喜爱也仅仅背下了陆龟

鸬鹚现身鹿苑

蒙的这句吟咏鸬鹚的绝句："轻舟过去真堪画，惊起鸬鹚一阵斜。"当然，
还有清代查慎行的《青溪口号》："渔家小儿女，见郎娇不避。日暮并舟归，
鸬鹚方晒翅。"朱彝尊的《鸳鸯湖棹歌》："比翼鸳鸯举棹回，双飞蝴蝶
遇风开。生憎湖上鸬鹚鸟，百遍鱼梁晒翅来。"……鸬鹚佳句，历经千载，
诗人笔下，俯拾皆是，但愿野生鸬鹚与各种鸟兽，在我们身边也能随处可
见，常来常往，长盛不衰。

人迹罕至处，传来一声声猛禽的呼啸，

任凭露水打湿裤脚，不顾泥泞沾满鞋面，

我悄声疾进，

一连见到三只大型猛禽，

飞走了两只，还有一只立在树梢，

赶忙拍摄下来，可惜是逆光，得到的只是剪影。

知耕鸟·郭耕

第二部分

总有
一个地儿
能
遇到
很多鸟

伊春科普行

　　立秋不久，暑热依旧。受伊春市科学技术局之邀，我于 2016 年 8 月 12 日飞往素有中国林都之称的黑龙江省伊春市，就森林景区的科普实施进行考察与探讨。

　　早在2016年5月6日，北京市科学技术委员会的科普负责同志王旭彤、肖建曾亲自带着伊春科技局李局长和刘局长等抵达麋鹿苑，东北朋友对我们的科普工作实地观摩后感觉非常中意，便产生邀请我们前往指导的动议。当时，我对伊春这个地方只有一个名称概念，没过多久即5月23日习近平总书记莅临伊春，我对其印象进一步加深。没有调查就没有发言权，这次深入"林都"景区，才对那里的科普情况有了比较感性的了解。

一、五营

　　13日是周六，伊春市科技局李局长、刘局长与伊春市科学技术协会（以下简称科协）包主席牺牲自己的休息时间，同车北上。从伊春驱车不到一个小时，首先来到五营国家森林公园，五营区政府科技局的张局长为我们准备好了进入森林公园的门票并全程陪同。这是一个林政合一的机构，既是人民政府也是林业企业，还是一个 AAAA 级的景区和国家森林公园。1961 年 7 月 23 日（那时我才半岁），时任国家主席刘少奇曾来到这里，为纪念这一时刻，他乘坐过的林间小火车，便被命名为"少奇号"。

我们沿着木栈道在红松林中漫步，不时有小花鼠蹿上路面，与人对视，如有人野餐，它们更喜欢等在附近讨点残羹剩饭，于是我候在一家野餐者的附近，成功地拍摄到不少张五道眉花鼠的萌图。热情的张局长也是摄影爱好者，见我拍到溪水处的"小黄鸟"，很感兴趣，我告诉他，这是灰鹡鸰。令人奇怪的是，偌大的林区，所见鸟种不是太多，就连号称伊春市鸟的啄木鸟也没遇见，我们从五营午餐后继续北行，途经新青湿地，见到多个保护白头鹤的标语牌，蓝天白云，煞是壮美，可惜，在公路上疾驶，又是中午，连个鸟毛都没见到。

二、汤旺河

中午在汤旺河区，政协的办公室主任提前等在汤旺河大商场门前，为我们解决了票务问题，看来，伊春科技局的刘局长一路都在操心联络，把我们一路的行程与接待，打点得妥妥的。

虽骄阳似火，仍车水马龙，中午，抵达我慕名已久的号称中国第一家国家公园——汤旺河国家公园，同时也是国家级地质公园，但来到这游人如织的地方，第一感觉这里更是一个旅游景区，丝毫没有呈现出其作为"中国第一"的国家公园的痕迹。我们知道，世界上第一家国家公园是美国黄石国家公园，那是 1872 年 3 月 1 日建立的，不仅是美国人引以为荣的自然遗产，更是对全人类自然保护思想的贡献，以至于党的十八大报告都已发出了建立国家公园的动员令。"十三五规划"第十篇第二节更提出了"建立国家公园体制，整合设立一批国家公园"的要求。

同五营森林公园一样，我们也作为游客，先乘摆渡车前往景区核心，再顺着建在溪流畔的游览步道漫游一番，汤旺河的"小兴安岭石林"非常著名，要不怎么打出的是"国家地质公园"的招牌，在一些景观前，如"一线天"游人比肩接踵，留影时往往相互掺和，导游哇啦哇啦地用扩音器招呼着，偷听几句讲解词，鲜有科学解说，多为传说附会之词，什么请看那块石头像不像佛头……走到哪儿我都会留意有鸟没有，发现这里连常见的喜鹊、麻雀也很少，倒总能听到或见到一种在针叶林的树干上出没的鸟——普通䴓。

三、嘉荫县

四点离开汤旺河，继续北行，傍晚六点半，我们终于结束日行 300 千米的行程，来到伊春最北的边陲小城——嘉荫，这是一座坐落在中俄边界、黑龙江界河之畔的小县城。就像唐僧取经，一路上，走哪就与哪的土地爷取得联系，我们到了嘉荫，也联系上了当地分管科技的同志，不仅一起用餐，还了解了一些本地的风土民情。抵达之时已是傍晚，阳光正明媚，恰是面对大江美景拍摄的好时候，也是倦鸟投林、鸟类最活跃的时刻，但出于礼貌，不能任性！接待的同志说马上得先吃饭，是啊，人家等了半天，陪同的几位领导还有司机也跑了一整天，都需要吃饭了，我们作为外来客人，怎能失礼。

一个小时之后，夕阳西下，等我们打着饱嗝来到江边，太晚了，已是日落西山红霞飞，除了照天照云照灯光，周遭的景物包括鸟，根本无从拍摄，那天边的绚烂晚霞被同行惊呼："看，像不像恐龙？"正好这里也是恐龙被发掘的地方，号称"恐龙之乡"，但云霞与恐龙的关系，多少还是有些穿凿附会。倒是听说，前年，普京虎从俄罗斯那边渡江而来，引起了人们一阵骚动，不知是喜是忧。

8月14日凌晨4点，天色已亮，我及时醒来，据说昨夜下了大雨，我竟浑然不知。这时本是赖床的最佳时候，但我错过了昨日的夕阳，岂能再错过今晨、也是我能在黑龙江畔度过的唯一的清晨时光！披挂上阵，迅速来到江边，太阳还没出来，一艘解放军的炮艇静卧江边，我急忙沿着大江这岸向日出的方向前进，而黎明静悄悄的对岸就是俄罗斯。垂钓者、旅游者、晨练者，逐渐增多。

人多鸟少！我避开人群，迈开大步一直向东，路遇两只奶牛江边吃草，路过江堤上的一个军营，人迹罕至处，传来一声声猛禽的呼啸，任凭露水打湿裤脚，不顾泥泞沾满鞋面，我悄声疾进，一连见到三只大型猛禽，飞走了两只，还有一只立在树梢，赶忙拍摄下来，可惜是逆光，得到的只是剪影，俄而鸟也飞走了，飞往无人干扰的对岸，出国奔向了俄罗斯，后来经高手判断，此乃"黑鸢"，不虚此行啊！

历来不喜走回头路的我，爬上大堤，进入一个小小的江村，路过村委会，见到牌子才知，原来这里属于嘉荫县朝阳镇的佛山村。穿过小村，回到边防哨所附近，对我方和外方的哨所各偷拍了一张，还在我方哨所下的223号界碑旁，留了个影，此时，江堤广场，人来人往，东北大秧歌，已经跳起来。一看表，六点，我早已活动了两个小时，可以圆满收队了！

四、茅兰沟

赶忙用了早餐，今天的第一考察点是嘉荫附近的茅兰沟，这也是一个国家级的自然保护区，位于小兴安岭的国家地质公园。茅兰沟的原意是猫狼沟，就是套狼的地方。地质特点乃是一条花岗岩构造崩塌型峡谷，长达10多千米，宽约15米，沟壑悬崖，溪流瀑布，比比皆是，景致独特，一条水泥栈道，引导游人前行，路边说明牌比较完备，还不时出现猛兽雕塑，亦真亦幻，给人一种神秘感。

伊春科协包主席一路领先，我和刘局紧随其后，汗水浸透了衣裳，上午十点多，我们提前回到停车场，为奔向下一个地点——上甘岭，争取了时间。此行为我们开车的是一位心宽体胖的女司机小谷，我坐在副驾驶的位置，本想遇见什么拍什么，但一看她那麻利的车速，一路超车，实在不好意思叫停，只在一只公路上的死动物处下车拍了个照，那是一只狗獾，可惜，没有遇到活的。作为鹿科动物，更是见所未见，但据记载，这里分布有原麝、狍子、梅花鹿、马鹿、甚至世界最大的鹿科动物——驼鹿。没见到不要紧，有，就该通过科普设施交代一下，谁在九寨沟见过熊猫啦？但他们不也一直坚称"有"吗！

五、上甘岭

一路南下，途经来时到过的汤旺河、五营，中午12：30抵达上甘岭，这个响亮的名字，不是在朝鲜吗？正是！但此地的名字恰与那场著名的战役有关，1953年，上甘岭战役胜利，原本驻扎伊春即将赴朝作战的"林三师"

不用再去，而是就地进行林业生产，林场正待起名，上甘岭的捷报传来，大家备受鼓舞，于是就把此地林场命名为"上甘岭"，这里，不愧是"光辉的名字，英雄的人民"。

同样作为林政合一的上甘岭区，也有一个国家级的森林公园——溪水森林公园，5月23日习近平总书记就来到了这里。一直陪同我们的朱琳副区长，说到那天的情景还非常激动，说总书记还跟她握手了呢。历史故事，文化博物，风土人情，物产特色……这些历史人文背景，才是导游该讲的内容，而也与发展生态旅游要坚持的四项基本原则相符合：要坚持开发与保护并重、开发服从保护；自然生态旅游和人文生态旅游并重；当前发展与长远发展相结合，更加注重长远发展；统筹兼顾，充分调动各方积极性的原则。

六、 溪水景区与养顺农家院

我们沿着林木茂密的溪水景区的木栈道，逐步上行，越登越高，甚至攀上高高的瞭望塔，我感到神奇的是，这两天的奔波与登高，竟然没觉得劳累和气喘，怎么就跟"打了鸡血"似的？朱区长的解释让我茅塞顿开，这是森林的功效，负氧离子充足，富裕的供氧量，使人活力倍增。森林，竟然这么神奇！岂有不爱护、不保护之理？

我在伊春的最后的晚餐，安排得相当特别，不是什么大饭店，而是乡下的农家乐，但这家农家乐可不一般，这是2016年5月23日习近平总书记亲临的一个农家院。为了了解林区转型后的职工群众生活，总书记来到黑龙江省伊春市上甘岭区的溪水经营所，到的就是这家，在院子里跟当地人拉家常，进屋揭开灶台的大锅盖，坐在炕头与一家人聊天，于是我们就在这座院，这间屋，这个炕头，吃了一顿丰盛的晚饭。这家姓刘，院名叫"养顺农家院"。

在黑龙江考察期间，习近平总书记结合原来他讲过的"两山论"，根据伊春当地实际情况说出了"冰天雪地也是金山银山"的高论，这便道出了当地发展旅游，尤其是生态旅游的精髓。而开展生态旅游，必须结合当地实际资源情况，因势利导，因地制宜，使本地人民和生态环境都得到休养生息，其意义表述为四个有利于：有利于促进生态文明建设，促进人与自然和谐；有利于培养壮大资源节约型、环境友好型产业；有利于推进旅游业科学发展；有利于促进社会主义新农村建设。这也是我周一在伊春政府大楼科技局会议室做的"生态旅游与绿色导览"报告中的部分内容。

鸟飞宽沟

感谢北京市委安排的封闭式学习，我们299名北京市的干部2016年5月9日至13日在怀柔的宽沟学习"五大发展理念"。整整一周我基本是这个作息规律，晨昏暴走山水间，学习研讨一整天。但暴走不是简单地走，而是随身携带望远镜照相机，观鸟的同时拍鸟，几日所获之"鸟图"精彩纷呈，足以搞一个小型影展了。

野鸡、画眉、冠鱼狗

周一为防堵车，八点报到，我六点已到。一进宽沟，草坪上两对环颈雉（俗称野鸡）映入眼帘，我轻轻摇下车窗，举起相机，连连拍摄，一只大公鸡悠悠地过马路，路中回眸，与我的镜头对视，场面煞是雄伟，何以安然得手？原来，这就是拍鸟中的所谓"车拍"。鸟不怕车，怕的是人。后来，又一大清早，又遇到了环颈雉，于是，在微信上，我写下的感言是"只有起得早，才能遇到鸡"。

第一天的观鸟观自然，可谓开门红！一阵婉转的鸟鸣，滞留了我前行的步伐，凝眸观瞧，一只画眉，且飞且鸣，先是我跟着它，拍摄它，后来

宽沟黑头鹏

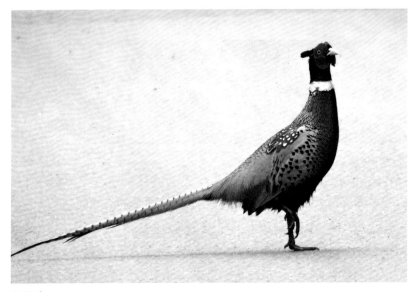

环颈雉

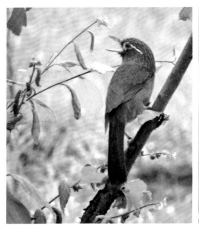

画眉

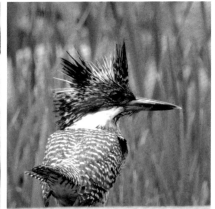

冠鱼狗

ROBIN | GUO GENG

拍累了，我正准备转战别处，这只画眉却跟踪了我一路，虽然我在明处它在密丛，但百啭千声，缭绕耳畔，让人欲行又止。不料，这等缠绵悱恻，仅此一回，接下来的几天，画眉的身影竟再未遇到，我微信感言"有些机会，只有一次，空前而绝后"。

其实，我是专往水边奔着冠鱼狗去的，扑了个空，却遇见了画眉。还暗自嘀咕着，难道今年我来早了，冠鱼狗还没到？谁想，中午在宽沟核心的水榭一带，远远见到栏杆上，立着一只冠鱼狗，幸亏没有傻呵呵地往前走，否则就会白白给吓跑了。我把机子架在我身边的栏杆上，拉拉拉，镜头几乎满格，便开始左一张右一张地拍摄，它也善解人意地变换着姿势，时而低头俯瞰水面，时而抬头做仰望天空状，让我快门按得手发酸，满载而归。最后一天清晨，我在以往看冠鱼狗的水库附近的大水面，又见冠鱼狗，仔细对比，竟与第一天所见的不是同一只，如此珍禽，不仅一只，这是令人欣慰的信息。

黑头䴓与黑水鸡

周二一早，我决定出北门，沿台关路暴走，去怀柔水库上边一点的怀水大桥看看，那边的荒野湿地还是比较自然的。因时辰尚早，公路上车辆稀少，我一路上行，忽听路边鸟声萦绕，定睛观察，一只似乎是黑头䴓的小型鸟，在马路上方的树间来来回回，忙个不停，忙啥呢？原来，它在装修产房，来回叼的都是柳絮一类的"巢材"，从路北取得材料，叼到路南，在一棵并不粗大的树干上，也就两人高的位置有个树洞，黑头䴓频频入洞，我像发现新大陆一样激动，就近以树干做依托，拍摄不同角度的黑头䴓进出洞口的场面，殊不知，竟有另一只黑头鸸也来洞口，拍到一鸟一洞难，拍到二鸟一洞更难，我根本顾不上欣赏，只是一味地按着快门，过后细细欣赏图片，才知，这是一对新婚小夫妻，在修饰自己的爱巢呢。

在耳畔不住的黄鹂鸣唱声中，我告别了还在构筑爱巢的黑头鸸夫妇，走上大桥，几位垂钓者，低头凝视着钓饵，再往远看，一家子"小鹏鹏"正热热闹闹地嬉戏中，个头不大的父母带着更小的雏鸟们：一二三四五，真是兴旺的一大家子呀！小鹏鹏是一种湿地常见鸟类，潜鸭类，成鸟不断地扎猛子入水，叼上来小鱼喂雏鸟，雏鸟以冲刺的速度游向亲鸟，嘴对嘴地接受食物——小鱼，其情其景，生动感人，如你不识，如你不爱，又何以感动至深呢？

黑头鸸

凤头蜂鹰

凤头蜂鹰在险峰

周三我请假驱车奔赴位于北五环边上的北京会议中心参加政协常委会，发现这里的鸟种异常的多，红喉姬鹟、黑喉石䳭、苍鹭、夜鹭……毕竟城区四处皆是车流楼宇，鸟儿无处安身，只好集中在为数不多的几处城市绿地湿地，同时，这些地方也是人们晨练之地，绿水青山，人鸟同喜。

下午上课，我看着户外的美景直着急，一下课急走山径，以期在日落前拍些美景，沿山路上行，山头有几只猛禽盘旋，引我向上攀登，便不觉得劳累。登上宽沟的西山之巅，有个小亭子，却不见了刚才盘旋的几只猛禽，怅然之中，沿山脊南行，蓦然回首，山麓树尖立着以鹰，我轻轻转身掏出相机的工夫，摘下镜头盖，拉出镜头，对向那鹰，按下快门，一张、两张、三张，珍贵的镜头还没拍几张，那鹰一侧身，展翅而去。不料，身旁还有一只，我根本没发现，竟双双飞走，还好，我拍到了一只的图片，回到房间，把鹰图传到电脑上看，不认识，放到野鸟群求教，原来是一种唤作"凤头蜂鹰"的猛禽，个体好大，对我来说是观鸟拍鸟的全新纪录，刺激而欣喜呀！不禁感言：安逸难获高大上，无限风光在险峰！

白眉姬鹟在雨中

去年见到的白眉姬鹟，今年还希望见到，一天、两天、三天过去了，就是无影无踪，难道没了吗？一早，小楼夜雨，绵绵洗尘，我冒雨于雾霭朦胧的湿地栈桥上徜徉，栈桥的尽头，人迹罕至，鸟鸣清幽，什么鸟这么卖力地冒雨清唱，我仰拍两张，都是鸟的腹部，又呈剪影效果，难以辨别种类。一会儿，那鸟飞向小灌木，我横向一看，眼前一亮：鸭蛋黄，乃是这鸟的最恰当不过的俗名，就是白眉姬鹟，没想到会叫的这么疯狂与悠扬，只觉得好看的鸟多数叫的不好听，这鸟是既好看又好听，德艺双馨啊！在微信上感言"本来奔着它来了，却一无所得，不料，小雨之晨，闻得它靓丽的声影，可见，虽风雨如晦，也有精彩呈现"。

研讨会的小组会上，我发言的主题是生态文明，这次学习真正是在自然环境中受到教益，在绿水青山中感悟文明，虽然身在宽沟，禁闭于沟里，却因识鸟而使我这几天的封闭式学习收获颇丰，犹如舒展的知识与意识之双翼，心底无私天地宽，心随飞鸟总翩翩，那张扬的情智，早已飞出三面环山一面水的宽沟范围。

雨中惊现白眉姬鹟

春节梵净山 探访溪流鸟

观鸟不分季节，越远越偏越好。

2016大年初五，我们夫妇俩利用春节休假，双飞贵州铜仁，投奔慕名已久的梵净山，不料，在山下下榻地附近的一条小河——太平河畔，却收获了多种溪流鸟类，三日来，无论在游人如织的景区，田连阡陌的山村，还是幽谷深潭的沟壑，只要有小河流淌，哪怕是涓涓细流，或者湍急溪水，稍加留意，便总能见到一些溪流特有的鸟类。

初五抵达之日，已是上午11点，午餐前的一个小时，来到离大金佛寺不远的风雨桥下，放眼太平河，激流滚滚，乱石点缀，很快就在河床上瞥见褐河乌棕黑色的身影，阵阵嘶嘶之声，是红尾水鸲的鸣啭，而且雄性鲜艳的蓝身红尾，尤其那一展一翘的红尾，煞是动人，原来，他们正处于发情求偶期。雌性色彩灰暗，但也会把白色的尾羽一张一翘，这在鸟类的雌性中不太多见，因为多数雌鸟只是察言观色地接受雄性的姿态，自己不动声色，而雌性红尾水鸲却投桃报李，也一而再再而三地伸展着自己尽管不太漂亮、但动作完美得毫不逊于雄性的求偶姿态。

上午我们下飞机到驻地的短短一个小时里，除了褐河乌、红尾水鸲、白鹡鸰、白鹭，还在太平河畔见到大山雀、山麻雀、黄臀鹎、树鹨、小鸦、北红尾鸲、星头啄木、大斑啄木、长尾缝叶莺等十几种鸟，可谓开门大吉。

下午，目标是生态植物园和救治中心，我们沿着太平河，一路观行，进入幽静的园区，河流变成溪流，水流在石滩缝隙中躲闪腾挪，这时，又有新的溪流鸟种收入囊中，首先，一只长尾灰鸟映入眼帘，我判断是燕尾，但属哪种燕尾，还不能断定，毕竟这些鸟种只是在南方多见。

湍急溪流间，一只色泽极其明丽的鸟——白顶溪鸲，翩翩登场，尽管也会将赭红色的尾羽展开、翘起，但头顶的一抹雪白，使其比同在溪流出没的大小个头相似的红尾水鸲，愈加明艳！从它们恰如其分的名称，就能把这种鸟的外观特征与栖息环境，一目了然了。

观鸟的妙处就在于同是一地，不同时间，也会不同凡响。去的路途见到某种鸟，原路回来未必还能有，但可能会有新鸟呈现。果然，在我们夕阳西下的归途中，一只色彩黑白反差鲜明、尾巴很短、额头很白的一种燕尾亮相了，你方唱罢我登场！我马上意识到，这是燕尾的另外一种——小燕尾。

比较来时遇见的燕尾，当时我胡乱地以为见到了大小两种燕尾，当晚，便自以为是地发了微信，说下午一下拍到"大燕尾、小燕尾"，哪知，那个大家伙，尽管是个头比较大的燕尾，但也不是最大，更不叫大燕尾，接下来的观察，渐入佳境，越观越明，正所谓"不去观世界，哪来世界观，探访溪流鸟，春至梵净山"。

歌词有"树上的鸟儿成双对"，我却见电线上的两只紧靠在一起的鸟，黄臀鹎，卿卿我我，依依偎偎，好不缠绵，应是一对，有图有真相啊。太平河的水中鹅卵石处，一只褐河乌时而水面游泳、时而潜入水中，看来它的水性不错，属于海陆空三栖类型的鸟，忽然，它得意地鸣叫，又不时地左顾右盼，我用相机拉近一瞧，嚯！嘴上叼着一只大虫子，可就是舍不得吃进去，来来去去、寻寻觅觅，在干啥？莫不是在找女朋友？我跟一旁陪伴的夫人分享了这个场面，诠释了褐河乌的这个行为，她说，你就不这样。我答，对呀，我是没像它那样，叼着好东东，去找女朋友。鸟儿的浪漫随处可见，一看日子，2月14日，情人节，这是何等浪漫的日子呀。

梵净山灰背燕尾

山村观异鸟 农家开盛宴

  梵净山的观鸟记录：一种，"普通朱雀"。如此名山大川，耗时大半天，只见一种鸟，简直是铩羽而归。接待我们的佛文化苑杨总，听说我观到之鸟名为朱雀，以颇有慧根的口吻问道：是"青龙白虎朱雀玄武"的那个朱雀吗？我说对呀，就是那两个字！他安慰我，不要紧，来我们家——马马沟，那里的鸟非常多，还总能遇见长尾巴的鸟呢。

  于是，初七一早，我们打点行囊，坐上杨总的车，三拐两拐，转眼工夫就进到了一个山口狭窄。口小膛大的土家族山寨，一路疾驶，几乎到了公路尽头，抵达目的地"上寨"，一栋栋田舍，多为二层木楼，散布于周围，田连阡陌，犬吠鸡鸣，一派田园牧歌景象，这里的地名是：贵州省铜仁市江口县太平镇梵净山村山寨组。

  还在大年期间，我们到了杨家，向一家老小拜了年。这时，村里传来了杀猪之声，杨总这才透露，今天，全村人都要来他家聚餐，也邀请我们两口子！我开始还犯犹豫，顾忌廉政纪律，节庆期间特别不宜参加宴请，人家说这不算宴请，而是用不久前村民们赢得的县里拔河比赛的奖金，自娱自乐一下，全村同乐，千载难逢啊！何况是在我国西南一隅的小山村，不是旅游性质的农家乐，而是一场真正意义的纯粹由本村百余口村民自我组合的农家乐，若是一般游客，哪儿就碰上这样的机会啊？所以，我们欣然接受。

初以为是午宴呢，但人家这里的习惯是午后四点多开餐，得，余下充足的时间就是满山沟沟转悠了，于是，开启观鸟模式！背起背囊，披上雨衣，挂上望远镜和相机，我俩一路上行，向山沟的深处进发。涉过溪流，我捷足先登上到一条不太深的小山沟，耳畔一阵脆铃铃的叫声，什么鸟？警觉的目光在山坡上搜索，一只大小如鸫类的鸟，停在了松枝顶端，我稳持相机，摄下鸟影，却不认得！一定是我观鸟记录中的新种（之后请教高手才知，是"栗腹矶鸫"）。接着，一只红胁蓝尾鸲的雄鸟，向我展现了它美丽的蓝调羽色。

在上寨最里头的一家大木屋周围，我遇见此行集群最多的一种鸟：白腰文鸟，几十只扑棱扑棱，在一群走地鸡的附近盘桓，或在地上食谷、或在树上呼鸣，好不热闹。我知道它们来来去去的习性，人来鸟飞，人定鸟来，就让夫人守在树后不远处，于是拍下了鸟做前景、人在其后、鸟实人虚的美妙构图。

溯溪而上，渐入幽谷，人迹罕至，鸟声分明，在高高山崖与高树之端，鸟来鸟去，全然不识，把镜头拉拉拉，到头了！我好不容易拍下两种，还是不认识的鸟（回来请教高手，才知，是"黑耳奇鹛"和"黑喉红尾鸲"）。

溪流中的鸟，自然不会缺席，前日在太平河就见识了"红尾水鸲""白顶溪鸲"两种鸲以及大小两种燕尾。这不，眼前，又有燕尾闪现了，令我起疑的是，此时所谓的大燕尾，咋不太一样呢？分明是外观不同的两个种，一个为长尾巴的灰色，一个虽长尾、却更大些，额具白斑，羽色为明快的黑白相间，啊？难道这大燕尾是有区别的？理越辩越明，格物而致知。带着这个疑问，我回来请教高手，终于豁然开朗，前者为"灰背燕尾"、后者为"白冠燕尾"，完全是两种不同的燕尾，从而否定了前日我大小之分的误解，加上前天在太平河见到的小燕尾，此行记录的溪流鸟类中，仅燕尾就达三种，因为它们集中分布于江南的中国西南部，因而对我来说，完全是耳目一新，既眼界大开，又脑洞大开！

溪流流过村庄，农妇在石板桥下洗涤，一对番鸭游来游去，这看上去半鸡半鸭的动物，村上人竟不知，此乃是一种来自南美的驯化禽类。

烟雨蒙蒙，山色如黛，我俩顺流而下，走过村口两棵守护神般高大的社树，一群小如麻点的鸟，在溪流对岸的灌丛蹿来跳去，我凝神观瞧并拍照，终于拿下它们不安分的小样儿——红头长尾山雀，小巧而美艳，棕红色的羽毛，金灿灿的鸟眼。在农舍的房前屋后有一种山雀，却不同于这里多如麻雀的大山雀，是一种绿莹莹的鸟——绿背山雀。让我都对自己的鸟感暗自惊讶的是，在田埂的尽头，一根小树枝的顶端，稳稳地呆立着一只鸟，我用我袖珍式的600毫米拍鸟神器拉近后，拍下，观看，又不认识（之后请教得知，这是灰林鹏）！观鸟的刺激就在于此，大千世界，探索无穷，能遇到不识之鸟，能增加个人记录，乐莫大焉！

我俩在村里游荡、观鸟，早已为村民所知晓，不时有人打招呼，知道我们是杨家的客人，是一会儿要一起吃饭的同伴，格外亲切，带我俩在我们感兴趣的百年老屋前参观讲解，共话桑麻，乡风淳朴而怡然。他们中的一些人并不住在这里，而是家搬到了县里，甚至远在外地。有一位是在北京搞建筑，但由于老家老屋，过节了，总要回来，或探望老人，或看看老屋，叶落归根。于此，我自愧不如，生于京长于京，早已无老家可回。开宴了，村民们从四面八方汇聚一堂，围坐火盆闲聊，我们参与其中，对于帝都生活的人来说，真是难得的体验。

原以为身在山村的人，一定都无比向往外边世界和城里的生活，一位老兄的话，却令我耳目一新："我才不稀罕去哪里呢，我们这山好水好空气好，够吃够喝有的玩，干吗要出去奔命啊！"这份知足常乐的心境、这种随遇而安的态度，令人敬佩之至！唐诗中有一派名为"田园诗"，为我们描绘了一幅幅水墨画般的"乡愁之美"，鸡犬相闻、民情敦厚、世象富足、乡风淳朴……难道这不恰恰就是我们理想中的、没有"三农"问题的和谐社会吗？此行偶至贵州农村，有如梦入唐诗意境——"鹅湖山下稻粱肥，豚栅鸡栖半掩扉。桑柘影斜春社散，家家扶得醉人归"。

红头长尾山雀

看猴遇朱雀

　　早年我饲养过川金丝猴，考察过滇金丝猴，中国三种金丝猴，唯独对黔金丝猴未曾探访。2016年为农历猴年，于是我突发奇想，或曰"突发神经"（夫人语），利用春节休假，前去看猴！网上购得两张北京—铜仁的往返票，大年初五一大早，两口子就奔向了慕名已久的梵净山。

　　梵净山为武陵山脉主峰，是乌江、沅江的分水岭，既是起始于宋代的佛教名山，又是贵州的第一个自然保护区（1978年），而且是联合国教科文组织1986年命名的"人与生物圈保护区"。作为亚热带原生生态系统，这里保存着不少几千万年前遗留下来的孑遗物种，如珙桐、大鲵等，特别是黔金丝猴，被称为"世界的独生子"，全国、全球，哪都没有，只生存于梵净山一地。

　　出发之前，我与保护区管理局张局长取得联系，提出看猴之请求，他回答，野生的看不到！请教见过野猴的动物园崔博士，他说他在野外蹲守40天，才见上一面！至此，只得打消野外看猴的念头，退而求其次，能否看看圈养的？于是，在抵达的当日，我们前往位于梵净山脚下的生态植物园，见到了跟麋鹿同为一个博物学家发现并都用他的名字 DAVID 命名的物种——活化石植物珙桐。

　　我们来到铁门紧闭的黔金丝猴饲养场即野生动物救护站，幸有事先联系，得以特许进入。作为曾经的金丝猴老饲养员，我对类似环境并不陌生，尽管是笼中之猴，但这可都是身份极其珍贵、极其稀有、极其特殊的黔金丝猴啊！作为一个世界濒危级的灵长类物种，全球才 700 余只。我一见如故地端详着这仰鼻猴属的贵州兄弟，透过铁笼伸过镜头拍摄着，尽量取得猴子的特写镜头，而舍去笼网与铁栏，因为有些专注，手疾眼快的大公猴竟突然冲了过来，挠了我胳膊一把，它的成功偷袭，令我莞尔一笑，一旁的人还为我担心，我却笑言，真要挠伤，留个纪念也不错。可惜，除了头

黔金丝猴

梵净山马马沟村民

排笼舍的这个大公猴,其他猴,尤其是小猴的笼舍,都在密集围栏的包围下,怎么取景都无法舍弃栏杆前景,眼看萌态十足的小黔金丝猴,只有望洋兴叹的份儿!看望黔金丝猴的时间虽然不长,但给我留下的印象及其意义却是极度深刻和不可磨灭的。有幸如此近距离地观察黔金丝猴,还是第一次。激动之情溢于言表,还在微信写上了"猴年最嗨去看谁?黔金丝猴梵净山"。

在植物园景区,我作为民革党员,出乎意料地读到一块写有"中国国民党革命委员会贵州省委生态文明建设实践基地"字样的牌子。事后才知,生态植物园内的那幢豪华大酒店也是作为民革党员的深圳一位企业家投资修建的。

"大王叫我来巡山",我来梵净山,目的是上山!目标是找鸟!次日一早饱餐战饭,买票进山,幸有动物园崔博士引荐,保护区的石科长亲自前来陪我们俩找鸟,乘游览车、高空缆车,直达万宝岩。

可叹,大雾弥漫,烟雨蒙蒙,我们在据说红腹角雉刚走不久的房基下、杜鹃灌丛土坡一带,来回巡视,一无所获,倒是在不远处的一处僻静的佛教小院,我发现浓雾深处,有鸟的身影,拉近拍摄,比麻雀体型稍大,却不认得,两只,一个毛色灰暗,一个毛色猩红,直觉感到这是相伴而行的一对儿,甭管是啥,先拍下来再说,首先拍到的地上活动的这只鸟忽然失去踪影,飞上树梢的这只,短暂的亮相,被我拍个正着!很快,它们双双消失在浓雾掩映的山林之中。更未料到的是,这竟是我此行梵净山所观到、拍到的唯一一种鸟——朱雀!美丽而著名,以前,未曾谋面的一种鸟,如今,相遇在了梵天净土之地——梵净山。

青海巡讲兼观鸟

　　九月中旬，秋高气爽，受青海湟中市科学技术协会邀请，我到此进行科普巡讲。一到湟中下榻县城边上的一座宾馆，我发现其后有山，于是特意请求给我一间把边儿的屋子，凭窗看鸟，以逸待劳。果然刚进房间，就见窗外有鸟——一只红嘴山鸦，擦亮我的双眼，这种山区特有的乌鸦，在楼下平房的屋顶上来来去去，我迅速拍摄，只见其浑身毛色黑亮，微微下弯的红嘴纤细而艳丽，煞是好看！幸亏及时拍到，余下的几天竟再没有从这窗口看到。机不可失，时不再来呀！

　　好在我房间这个有利地形，还几番遇见另一种鸟——黑喉红尾鸲，这是我以前在内地从未见过的一种鸟，与我熟识的北红尾鸲很像，明显的黑喉，与众不同，我发现这种鸟在湟中的出现频率，几乎不次于麻雀。

　　等待晚餐，尚有夕阳，余晖中瞥见远方有成群的黑色大鸟，一定是乌鸦，但是哪种呢？集体活动，不宜离席，当大家在餐桌上大谈一种叫"狗浇尿"的地方美食饼时，我的思绪却心猿意马、与鸟同飞中，怎奈身不由己，只好等到次晨。

一早，行至所见乌鸦的下街警察大队附近，初步拍摄，见这些乌鸦几乎都是额头与喙部成直角，该是大嘴乌鸦吧。进一步判断，怎么都是灰白色泽呢，网上一请教，说这裸露的喙部，乃是典型的秃鼻乌鸦，终于弄清这里乌鸦的优势种多为秃鼻乌鸦，接下来的几天，差不多天天见到，而我团团友，差不多一见到这漫天飞舞的乌鸦，就脱口而出："郭耕"，我不禁没有反感，而且甚觉有趣。

讲座第二天的下午，难得有半天的空当，没课，于是我乘坐县城小巴，投币一元钱就来到一处叫蚂蚁沟水库的地方。准备暴走一圈，没走几步，一只须浮鸥映入眼帘，我紧紧盯住，跟踪拍摄，在此鸟落处的不远，两根横亘水面的电线上，竟有七八只大鸟——普通鸬鹚，俗称鱼鹰，但这是纯纯粹粹的野鸟，它们不时飞向水面，扎入水里去捕鱼。沿着水库的道路，名为成佛路，一群年轻的红衣喇嘛在绕湖骑行，从一对拍摄婚纱照的情侣身旁疾驰而过，也算是高原一景。

在人来人往的高原县城，除了我，几乎无人关注身边还有鸟之精灵，一条道路泥泞的陋巷，一个有农家乐招牌的小屋顶，小鸟唧啾，我赶忙驻足拍摄，并以其身后的"农"和"旺"字做背景，处心积虑地设计人文与野鸟合二而一的构图，唯一的悬念，就是，这是一种啥鸟呢？也没什么特征呀，回来向网上大神一请教，又一新的鸟种就这样横空出世啦——锈胸蓝姬鹟。这么复杂而美丽的鸟名，怎么看不出来呢，原来我拍到的都是这种鸟的雌性，根本不蓝，雄鸟颜色才是蓝瓦瓦的。由此，越发地敬佩那些别具慧眼、知鸟识鸟的鸟友们了。

在离开县城前往西堡和多巴的途中，两次遇见环颈雉，可惜行车之中不便拍摄。在宾馆后身的山坡上，人迹罕至，我频繁地遇见灰斑鸠、绿啄木，当然更有喜鹊、灰喜鹊这些"菜鸟"。在登临山神庙的行程中，想象空山鸟语，却仅遇到一对吵闹的山噪鹛、几只闲不下来的柳莺及高高天空中的一只苍鹰。看来鸟情较旺的地方是自然与民居的结合部，而非纯民居和纯自然之地，大体符合这一规律，多样性的生态带来多样性的物种。

在青海巡讲的后三天，我们移师位于县城中心的湟中大酒店，以为这下见不到什么鸟了，不料，所下榻的宾馆餐厅小院，树木苍郁，甚至有浆果植物，还真能吸引一些非凡之鸟。黑喉红尾鸲、大山雀、秃鼻乌鸦自不必说，最令我惊奇的是，一日早餐，我速战速决，出来溜达，忽见地上俩鸟，体型稍微小于斑鸠，体色却是棕黑色，我根本不认识！其时，尚未日出，光线暗淡，我还是驻足、手持相机，镜头拉过来拍摄下来，因为挨近了鸟被惊飞，就一无所得了，明知效果欠佳，还是先拍下来再说，果然，俩鸟忽地一下都没影了。

真是老天爷饿不死瞎家雀，小院有个厕所，待我如厕之际，从窗口上望，那棵结满浆果的树上鸟影晃动，呀，还是它，随身掏出机子，拍摄下这藏身密丛中的大鸟，几乎满框，且阳光明媚，效果已大大地好于刚才，金色的喙部、闪亮的眼神、黑头、棕身，清晰可辨。问了同行的中科院动物研究所的张博士，他在同属西部的甘肃莲花山见过此鸟，说是灰头鸫。我总觉得有些名不符实，网上向鸟友请教，给出的答案令我满意——黑头棕背鸫，多么贴切的名称，我青海之行的又一新鸟种，诞生啦。

湟中黑喉红尾鸲雄鸟　　　　湟中黑头棕背鹬

湟中红嘴山鸦　　　　　　湟中一瞥：飞车喇嘛婚纱客

湟中有个"黑长城"　　　　　湟中塔尔寺的僧俗女子

盘点高原湟中一地观鸟，实在是少得可怜，共计 20 种，其中黑喉红尾鸲、锈胸蓝姬鹟、黑头棕背鹟为头一次见识，也算小有收获了。

附：
科普黄忠到湟中，一周适逢双盛事

科考巡讲，足迹全国，青海，是我在全中国唯一没有到过的省，这次终于来了！可谓青海"处女行"。

9 月 20 日一早出家，随中科院老科学家演讲团一行九人飞抵青藏高原的东北——青海，转车至目的地湟中县城，已是午后。九人团中，六位为七旬左右的科普"老黄忠"：徐文耀、孙万儒、陈贺能、徐邦年、王邦平、傅前哨，少壮派的则为 60 后的韩莉军医、50 后的郭耕以及本团最年轻的 70 后的张劲硕博士。在一周里，我们人均讲八场，深入到几十所基层乡镇的中小学校，给孩子们送去了一场场科普大餐。

不愧是世界屋脊，虽然这里海拔只有两千多米，但天高云淡，风清气爽，到处都是清澈明丽的光景，就像歌里唱的"雪山、青草、美丽的喇嘛庙……"，一进湟中县城，街上车水马龙、人流如织，藏族同胞占了人群的一半，红袍喇嘛又占了藏胞的一半，一问才知，平时不这样，原来，这四天恰逢 60 年一遇的塔尔寺大法会，湟中县城所有的宾馆都爆满，服务员还问我，你们是来听经的吗？我说不是，是来讲课的。原来，全宾馆住的都是听经的，除了我们。

不料，21 日晚餐后，接待我们的教育局张老师就特意为我们安排了去塔尔寺接受时轮灌顶仪式，我们也成住店"听经"的客人啦。本来，下午趁没课，我独自暴走了蚂蚁沟水库，高原氧气稀薄，运动已经超标，吃过晚餐，韩莉、张劲硕和我跟上张老师，又直奔塔尔寺，一路上坡，马不停蹄，弄得我们上气不接下气，心脏都快蹦到嗓子眼了，当地统战部接应的同志还一个劲儿地催促，快快快，不然就结束了。挤进长长的僧俗混杂、连日多达十万之众的灌顶队伍，一步一步，渐入佳境，待鱼贯而入、进到正厅，排成一字长蛇阵的喇嘛们，提醒着大家，往上看，原来格加活佛（与达赖喇嘛同年同月同日生）正端坐上方，八旬老翁，目光炯炯，还神情自若地与身旁的喇嘛聊着天。从他手下延伸的经幡一类的器物，一直刘海般地垂在接受灌顶人们的头上，大家依次经过，以额触幡，算是灌了顶，整个过程就是十几秒，而真正排队等待灌顶，至少要等八个小时。据说塔尔寺的时轮金刚灌顶，是藏传佛教众多密宗灌顶中程序最复杂、最隆重的，此次大法会，旨在祈福世界安乐祥和，利益一切有情众生，看来，这与我生态文明讲座的护生思想相一致，值得。之后，我们都在感叹，"六十"一遇，万众咸集，竟然让我们赶上了，应是一次令人洗心革面、醍醐灌顶的机遇，真是太幸运了！

观鸟看鹿大丰收

一、大丰观鸟，鹤鹿共鸣

"天下麋鹿是一家"，北京（南海子）、江苏（大丰）、湖北（石首），三家麋鹿保护地，大丰最大，2006 年曾至，时隔近十年，2015 年秋，有幸再访，收获良多。江苏大丰麋鹿国家级自然保护区位于黄海之滨，是世界占地面积最大的麋鹿自然保护区，多大呢，北京麋鹿苑的面积是 960 亩（1 亩 = 666.7 平方米），可人家不像我们按亩说，而是按公顷，每公顷就是 15 亩，大丰保护区的总面积 78000 公顷，其中核心区 2668 公顷，缓冲区 2220 公顷，实验区 73112 公顷。实验区就这么大，不可思议。保护对象主要是麋鹿、东方白鹳、丹顶鹤、牙獐、白尾海雕。此行大丰，我们把前四种都看到啦。

2015 年 10 月 19 日凌晨，我与同事陈顾、小段一车从北京麋鹿苑出发，驱车八百千米，穿越津冀齐鲁，直奔江苏，朝发夕至，灯火阑珊，把酒临"丰"，受到大丰保护区沈主任一行的热情接待，酣畅交流，陶醉入梦。

金秋探访大丰麋鹿保护区
滩涂湿地鸻鹬类

金秋探访大丰麋鹿保护区
滩涂湿地鸻鹬类

金秋探访大丰麋鹿保护区

金秋探访大丰麋鹿保护区

　　20日一早6：00，保护区接待的工作人员知道我喜欢观鸟，特派研究鸟类生态出身的刘硕士开车来接，我们先到位于保护区第三核心区的川东湿地保护站，远远见到了"亲人"——麋鹿，多远呢，一般人不说也许就看不到，茫茫雾霭里，隐约见鹿群。尽管比北京麋鹿苑看麋鹿的距离要远许多，我们反而更高兴了，为何？因为麋鹿的自由度更高了，保护区把这片黄海滩涂上的芦荡湿地称为"野生麋鹿天然行宫"，但是不是世界上最大一群野生散放的麋鹿，相比长江之畔的麋群，我觉得有待斟酌，因为那里的几百头麋鹿也完全不用人工投喂。

转至老海堤，观鸟正酣，一声清丽的鹤鸣划破晨雾，我与刘老师不约而同地意识到，有丹顶鹤！他告诉我，这该是今年来此越冬的头一批丹顶鹤，被我们幸运地遇上了。迅速调转镜头，望远镜搜索一番，很快发现一只成年丹顶鹤在一群苍鹭的陪伴下，俯仰觅食，道骨仙风。要不是刚才那一声呼唤，暴露了行踪，我们还真不会注意到远方的一个小白点儿——丹顶鹤。以前，我只知道盐城湿地为世界上最大的丹顶鹤越冬地，大丰有麋鹿，但有没有丹顶鹤？我总在遐想，有鹤该多好，不就实现"鹤鹿共鸣""鹤鹿同春"啦，今日得见，美梦成真。透过树丛，一个熟悉的身影从开阔的荒野掠过——獐子，这种叫牙獐的小兽，亦名河麂，为一种中国特有的小型鹿科动物，北京麋鹿苑散养的牙獐天天能见，可野生的，我还是头一次见识，奔跑速度之快，就连大丰保护区的工作人员也是十天半个月都难遇到一回。

走上两旁布满树木的老海堤，一边是黄海滩涂，一边是鱼塘农地，多样性的生境，加上人迹罕至，吸引了多种鸟类，据说大丰保护区有200多种鸟，作为一个菜鸟级的观鸟者、拍鸟者，仅我的拍鸟神器60倍镜头里收获的鸟就有约30种。大丰，真是一个开展生态旅游的观鸟胜地。

二、 生态旅游，5A 景区

我们到达大丰的一周前，这里刚刚获得一个丰硕的成果，被评为
5A 级景区，这在国内麋鹿保护甚至野生动物保护领域，都是难能可贵、
遥遥领先的，当然，人家谦虚地说，我们是苏北的第一家 5A 景区。

2015 年是北京麋鹿回归 30 周年，而 2016 年则是大丰麋鹿回归 30
周年，近 30 年来，大丰的自然保护，日新月异，创建于 1986 年的大丰
麋鹿自然保护区，原为大丰林场的一部分。1986 年 8 月 13 日上午，从
英国伦敦以 8 箱分装麋鹿 42 头（雄性 13 头、雌性 29 头，这是大丰网
站上公布的数字，不知为何，总说来了 39 头）。空运广州，换机飞上海，
再用汽车转运大丰保护区放养。1995 年，大丰麋鹿自然保护区被列入"人
与生物圈自然保护区保护网络"。1996 年年底，该自然保护区面积扩大
到 2666 公顷，增加了第三核心区，就是我们见到野生的 260 头麋鹿及
丹顶鹤、东方白鹳、白琵鹭的所在地。1997 年，大丰麋鹿自然保护区
晋升为国家级自然保护区。2002 年，大丰麋鹿自然保护区被列入《国
际重要湿地名录》。2003 年大丰麋鹿自然保护区被湿地国际列入"东
亚—澳大利亚鸟类保护网络成员"。2006 年，大丰麋鹿自然保护区被
国家林业局确定为"全国示范自然保护区"。江苏省大丰麋鹿国家级自
然保护区位于海岸淤积地带，黄海海岸线即保护区的范围还在不断向大
海延伸……

这两年，大丰保护区的发展更是突飞猛进，在新一届领导班子的带
领下，奋力进取，排艰克难，生活工作条件的改善，使这里的人员队伍

更加稳定；接待设施的完备，使这里的旅游产业更加兴旺；饲草与饲养方式的改进，使这里的麋鹿体质更加肥壮……尽管人家很低调地说，科普上很多是从北京抄来的，科研方面还有很大差距，但大丰在旅游开发与生态保护等方面的确有很多是值得我们学习的，因此我把此行视为取经之旅。

三、麋鹿遇险，军民共救

正当我们沉浸于老海堤树林中观鸟拍鸟的美好时光，刘硕士的电话响了，一只麋鹿误入泥潭，已有边防武警的人员前往看护，于是，我主动提出也去现场参与救助。于是，上演了一场北京麋鹿保护者与大丰麋鹿保护同人，当地边防局军人与河流疏浚工程队的施工人员，军民合作，共救麋鹿的动人一幕。

在黄海滩涂川东闸附近的一个河渠疏通工地，由于人工开挖土方后，水流受阻，形成一个泥池。也许在凌晨，一群麋鹿路过这里时，一只少不更事的亚成年麋鹿不慎陷入泥潭，举步维艰，挣扎再三，无济于事。工人发现就报了警，武警边防派出所的武警率先出警，赶到这里，我们之所以能找到出事的现场，是隔岸先望见了警车与武警，再到跟前才看到这只泥潭中动弹不得、自拔无望的、头角之上还缠着几根绿色藤蔓的小公鹿。

只见它时而无力地挣扎几下，时而以凄楚的眼神打量着我们这些人，两位武警军官，几位保护区工作人员先是商量用木板铺在泥沼上，又觉得危险和耽搁时间太长，于是，工地经理就近调来了一台挖掘机，从人

军民共救助，大丰落难麋

们站立的这边，一边填土，一边伸出挖掘机的长臂把落难的麋鹿往对岸推，等麋鹿的位置接近岸边时，挖掘机干脆开到对岸，伸展长臂，用"大勺子"把麋鹿连泥带水地搂回岸上，聪明的麋鹿也顺势登岸，迈开沉重的步伐，凭着自身力量，离开这可怕的泥潭，接着，游过宽阔的河流，艰难上岸，浑身泥浆立刻被河水冲净，一边走，还一边回头看看我们，我从这只小公麋鹿的眼神中，似乎读到了感激的神情。

　　大丰野生麋鹿，约有260头，生活在黄海滩涂的野鹿荡，没边没沿，没墙没挡，保护区同志风趣地说，按理论推演，就是溜达到北京天安门，也不是不可。尽管不能跑这么远，但就近的农田菜地，庄稼果菜，在麋鹿眼里，都是可以利用的食物资源，于是这些"神鹿"经常光顾凡间，加上大丰麋鹿似乎比北京麋鹿更不怕人，于是就产生了严重的动物与人关系过近的难题。据说，大丰每年都会遇到数次的麋鹿"惹事"，所在区政府与保护区就需代表麋鹿赔付人家。好在多年的保护与宣传，保护野生动物光荣、伤害野生动物违法的意识已经深入人心，无论周边群众、居民，还是警方等都积极合作，携手保护，这里已经成为以麋鹿为旗帜，以保护区为核心的野生生物共栖的天堂，作为东北亚野生鸟类迁徙停歇的驿站，大丰，能保有这方荒野与自然，也至关重要。

　　时值麋鹿回归30周年，反思迷途而返的麋鹿，个体的沦陷，容易拯救，但保护至今，我们几个保护地的成绩斐然，麋鹿数量可观，却无地可容，甚至因过多而致溃，就可能导致整体的陷入泥潭，如果不能妥善处理保护与利用的关系，真到骑虎难下的时候，遭遇保护与发展的矛盾和困境，保护区与保护人士，能够破解吗？

榆阳讲党课 观鸟秃尾河

一

2016 年 7 月，我受陕西榆林高新区教委之邀，应中科院老科学家演讲团之派，作为我团在陕北榆林地区科普演讲的处女行，在为期三天的巡讲中，一共做了四场科普报告。

第一场是 7 月 3 日星期日的晚上，周末，还是晚上，这时间一听就不正常，果然，这是正式演讲前，当地亲戚趁我提前抵达之机，临时加的一场。

聚餐中，当我面对满桌的肉食，提出讲讲素食的道理吧，即刻受到了大家的热捧，于是在嗜食牛羊肉的陕北，在膻味飘香的驼城，我演讲的开山之作竟是"健康环保，我行我素"。几乎两个小时的讲座中，座无虚席，掌声笑语，应和不断，而户外却是阵阵雷雨。之后还听到有人感言，从未思考过吃肉背后的问题！更不曾料到，还能有这样清心寡欲的一种活法。

周一周二的两场讲座是按计划在高新一中、高新三小进行的，分别以"灭绝之殇""生态生命生活"为题开展的科普演讲，一切顺利，而顺利的背后，都与我的一位朋友的推动分不开。

还是朋友的举荐，7月5日上午本要前往治沙所观摩考察，不料，我的一位在当地文联工作的老弟向区委书记介绍了我的到来，于是，书记亲自主持，在全区领导干部大会上，大家聆听了习总书记建党95周年"七一讲话"后，花了整整一个半小时听我演讲"生态文明"。

之前，幸亏恶补了一下榆林多年来开展治沙绿化生态保护的巨大成就的相关材料，尤其对其牢固树立"栽下的是树苗，长出的是生态，积淀的是文化，惠及的是子孙后代"的工作理念赞赏有加，讲座中，顺带问了一句，不知是否为原创，坐在台下第一排听讲的榆阳区苗丰书记闻言，竟把2014年3月29日的"榆阳区委书记办公会纪要"文件找了出来，从而见证了这句话的出处。我的演讲一结束，区委书记走上主席台，以一套排比句，给我的讲座予以了高度评价："今天的课，是一堂生态文明的课，一堂科学发展的课，一堂可持续发展的课，一堂共产党人的党课，一堂人与自然和谐共处的课"，着实令人振奋和欣慰。当苗书记说，郭教授辛苦啦，我回答"报效桑梓，乐此不疲"，两人会心地笑了。

二

在榆林活动，整整一周，讲座虽是正差，但毕竟一堂课所占的时间十分有限，课余，便陪母探亲、亲人聚会、游览名胜，我充分利用每次出游之际，观鸟拍鸟，收获颇丰，回来整理图片一数，三十余种鸟被收录囊中，其中，斑鸫、赭红尾鸲、黑尾红尾鸲、斑翅山鹑，都是首次见到拍到，心情大好！简直美翻啦！

在陕北的几天，拍鸟的经历主要是三次。

第一次即抵达榆林的次晨，五点多，我便独自来到住处不远的榆溪河，可叹自然河流已被人工砌的硬化河岸代替，小桥流水的滨河公园更是透着榆林的"不差钱"，尽管鸟种不多，但须浮鸥翻飞于水天之间，金眶鸻在泥滩上奔走觅食，白鹡鸰欢叫着晃动长尾，家燕或啄泥做窝、或捕虫喂雏，好不热闹！翠鸟直飞，斑鸠咕咕……一派生机勃勃的景象。谁说观鸟必远方，在小姨家的二毛宿舍楼下，我竟发现了一对儿不认识的一种鸟，后来才知叫：黑尾红尾鸲。

次日，与二姨夫前往靖边城北58千米的白城则——统万城大夏国都遗址，这是匈奴族唯一留下的都城遗址，为东晋时南匈奴赫连勃勃所建，这一座座白花花的遗址静静地矗立在陕北大漠，已达1600年之久，有人甚至在坚固的遗址上凿了窑洞，这是我见到过的最奢侈的窑洞。如今遗址已受到有效的保护，被圈了起来，只有雨燕、沙燕、毛脚燕在其上做巢，飞进飞出。一只大公环颈雉吸引了我的目光，附近是几棵野杏树，我们停车树下，熟透的金杏落满一地，我们三人吃了个半饱。龙州的丹霞地貌，同样令人眼前一亮，可惜，我一不懂历史，二不懂地质，只能看个外表。

第二次比较集中的观鸟，是随弟润淮前往神木县东南50千米的秃尾河东岸的高家堡，这是一座建于1439年的明代屯兵城堡，一度繁华，为蒙汉文化经济交流集散之地。拾级而上古镇中央的中兴楼，全城风貌尽收眼底，电视剧《平凡的世界》的取景地就在这里。钻过古堡沧桑的门洞，我自己径直来到秃尾河畔，河水流淌，时缓时急，顺河岸而下，来到一片沙洲，鸟声盈耳，定睛一看，几乎都是金眶鸻，将相机架在最低处平摄，获得不少佳片，特别是金眶鸻佯装受伤、耷拉翅膀的行为，悉数拍下，饶有趣味。在高家堡的四合院的房前屋后，我则一下子拍到了两种红尾鸲：北红尾鸲和赭红尾鸲。

陕北不仅是中国革命的圣地，不仅是我母亲的老家，在秃尾河北侧

龙舟丹霞地貌

黑尾红尾鸲

的石峁遗址，有目前发现规模最大的、距今 4000 年的龙山文化人类活动遗址，这里是一座延续 300 年的从新石器晚期至夏代早期的古老城池，这个遗址的发现，对人类文明起源和祖地的再诠释，可谓"石破天惊"。但心在鸟儿的我，于遗址瓦砾上，竟拍到一种完全不认识的鸟，回来请教高手，方知是斑鸫的雌鸟，那雄鸟呢？真是"老天爷饿不死瞎家雀"，接下来的一天，雄斑鸫竟在我的镜头前，惊艳亮相了。

第三次观鸟，集中在掌盖界上坟的来回路上。掌盖界位于榆林榆阳区金鸡滩镇，沿公路行进，我那驾车的老弟，神勇地躲过了排山倒海般的煤车，小车驶向扫墓的路上，一下公路，行进于蜿蜒颠簸的土路，我就对两旁无尽的荒野兴趣盎然，因为，越是荒芜之地，可能越是生物多样性丰富之地。果然，车行树影间，瞥见一猛禽，挺立在电线上，我急喊停车，摇下车窗，拉伸镜头，拍下这不大的猛禽——阿穆尔隼，它还不住地以警觉的目光，频频回首，观察着我们，估计只要人一下车，它就会飞逃，但我们采取的是"车拍"，拍了几张，便一踩油门离去，而那隼还在那里呆立着。

没走几步，我那眼力颇佳的陕北老弟说："哥，你看前面那是不是两只野鸡？"我顺其所指方向一看，呀，果然两只雉类，是雌性，显得小点，是石鸡？又不像，管他呢，先拍摄下来再说，于是，连拍数张，得到了第一手影像资料。两只鸡相跟着躲进了草丛，后来，我们有几次遇到这种野鸡，都是出双入对，一只面目呈艳丽的橙色，一只则比较土气，显然是雄雌一对。过后，经网上大师指教，原来这是我从未见过的"斑翅山鹑"，收获满满！

步行到了车轮无法企及的高地，便是刘家坟地，在掌盖界山势起伏的造林区的一个制高点，终于见到我亲爱的外祖父外祖母（的墓碑），却已是"明朝隔山岳，世事两茫茫"。这里坟地不像南方坟地那么华丽、那么多的硬化建筑，仅仅一抔黄土一块碑，因此，杂草丛生，鸟语呢喃，山下水库在望，生态景致绝佳，用一句老话就是风水好。亲人们在忙着上供磕头，我则满耳闻听的是鸟鸣，在灌丛里，难见鸟儿真容，我的一位老弟说还以为是昆虫在叫。原来人多语杂，鸟都处于隐蔽状态。待大家都离开坟区，我还迟迟没走，躲在一旁观察，一会儿，一只又一只的小鸟连飞带唱地出来了，落在草尖上，拍照！逆光也拍！拉近一看，三道眉草鹀！原来是你，守护刘家祖坟的小鸟，不吃供果吃昆虫的小精灵。

三车下山，逶迤而行，前方树干上，是几只灰头绿啄木，一只、两只、三只，竟然是一下子三只出现在一个镜头里，实属罕见啊。两只灰头麦鸡，飞起又落下，叫停了我们的步伐。黄土包上，还有俩鸟，镜头拉近，拍下来，回看，啊，凤头百灵！一路上，我的一位擅长陕北民歌的妹子，表现出了超凡的本领，不仅唱得好，而且眼力佳，她指给我，说那里有一只白鸟，我好不容易才看出，那只黑白相间的小鸟，几经周折，终于拍下了这鸟，一看，不认识！过后才知，这就是斑鸫的雄鸟，果然惊艳！这位妹子目光的敏锐也使小伙伴们都惊呆了，说，看来你也具备耕哥的观鸟潜力。是啊，天资天赋，人人皆有，就怕没场合彰显和展现，就怕没机会表达和发现。

博物科考尼泊尔

　　应尼中友协之邀，我作为生态科教导师，利用2017年"五一"的几天，来到了尼泊尔。

　　最近，一部电影《等风来》由于拍摄地为尼泊尔，很受公众关注，但去的多是一个个名胜古迹：加德满都大王宫、猴庙，东方瑞士博卡拉，泛舟费瓦湖，仰望喜马拉雅雪山……我则作为自然保护科教人士，心无旁骛直来直去地前往这个在国际自然保护领域颇具盛名的国家公园——奇特旺。这里虽说也在开展生态旅游，但我的目标是考察国家公园。

　　说起"国家公园"，国人还比较陌生，甚至多有歧义，以为就是一种游山玩水的大公园，通常我们所进行生物多样性的保护，主要措施有三：就地保护、迁地保护（如动物园、麋鹿苑等）、建立基因库。其中，就地保护是最为有效的一项措施。就地保护是指以各种类型的国家公园、自然保护区的形式，将有价值的自然生态系统和野生生物生境保护起来，以便保存各种遗传基因并保证其中各种生物的繁衍与进化。我国于1956年在广东省肇庆市的鼎湖山，建立了第一个自然保护区——鼎湖山自然

尼泊尔一对"梅头鹦鹉"
亲昵中

保护区，至今已建成自然保护区 2740 多个，但作为首次出现在美国的一种先进而有效的保护形式——国家公园（1872 年美国国会批准设立了美国，也是世界最早的国家公园，即黄石国家公园）在我国的保护制度中尚未实现。

国家"十三五"规划关于发展理念的第四章开宗明义地指出：绿色是永续发展的必要条件和人民对美好生活追求的重要体现。必须坚持节约资源和保护环境的基本国策，坚持走生产发展、生活富裕、生态良好的文明发展道路，加快建设资源节约型、环境友好型社会，形成人与自然和谐发展现代化建设新格局，推进美丽中国建设，为全球生态安全做出新贡献。

习近平同志 2016 年年初在一个中央会议上讲话中更是明确指出：要着力建设国家公园，保护自然生态系统的原真性和完整性，给子孙后代留下一些自然遗产。要整合设立国家公园，更好保护珍稀濒危动物。中央精神和领导指示，为我们的自然保护工作指明了方向。

他山之石，可以攻玉。不去观世界，哪有世界观？本着这样的想法，我们广泛开展合作，终于在一个青少年科普机构"青蜜科技"的鼎力帮助下，与尼泊尔高层人士取得联系，达成此行，当然，这还有赖于北京市政府外事管理部门对我们专业人士出国考察政策的逐渐放开。

短短五天，还要包括路上的时间，完成野外考察实在是捉襟见肘。我是 2017 年 4 月 29 日从北京出发，夜至成都下榻，次晨出关，继续飞行，4 月 30 日的上午抵达尼泊尔首都加德满都。一进入尼泊尔，就马不停蹄踏上了艰难的旅程，车水马龙，比肩接踵，熙熙攘攘，道路泥泞。好在，天空不时有乌鸦与飞鹰，路旁不时有身穿鲜艳沙丽的妇女，令人目不暇接。我们的旅行车时而狂奔、时而爬行、时而绕道、甚至时而逆行，有时因为车多堵路，有时路况太差走不起来，还有时因为人为因素，堵了半天，曾经在一个货车车队后面等候良久，幸亏有司机发现异常，步行上前，发现堵车竟是因为司机睡着了。几百里车程，我们跑了十一个小时，晚上十点抹黑进村，真是令人抓狂的"等疯来"！尽管尼泊尔在社会经济发展上远远不如我国，但在自然保护方面还是独具魅力和特色的，特别是生物多样性的自然物种丰富程度上，令人艳羡。尼泊尔的国土面积不及全球的0.1%，而其鸟类的分布竟多达全球鸟种的10%，全国有850种鸟，奇特旺就有598种，堪称观鸟胜地。在前往的路上，在加德满都的上空，还有就在堵车的一个小镇子的上空，我都见到体型巨大的猛禽在头顶盘旋，于是，举起相机便轻易就拍摄下了这些大鸟的飞翔版，初步判断为黑鸢。

"五一"的黎明，我们是在盈耳的各种鸟叫的交响乐中起床的，别具特色的"morning call"。一出门，吓我一跳，一宿竟然是与象为伍，三只大象就在屋后几步远的地方，甩着大鼻子安详地吃草。

上午乘小木船沿着纳让亚妮河顺流而下，我们一路左右逢源，见到各种涉禽（秃鹳、白鹭、黑鹮、麦鸡等）、攀禽（白胸翡翠、冠鱼狗、普通翠鸟、红领绿鹦鹉）、陆禽（总是远远见到的蓝孔雀、几种斑鸠、特别是北京见不到的橙胸绿鸠），当然……还有小型鹿类赤麂，著名的长吻食鱼鳄。

登岸入林，本地非常专业的生态向导 Nawa Bhatta 首先为我们进行了如何化险为夷的安全教育：遭遇老虎，别跑，与之对视；遭遇懒熊，别跑，几人抱成一团显得体量很大；遭遇犀牛，可以跑之，或躲到树后；遭遇野象，能跑多快就跑多快等避险动作，可惜都没遇上，我们倒是遇上了酒杯粗的两条大毒蛇，一位女团员还一个劲儿地拿着相机往上凑呢，向导警告回来，说此蛇叫作"飞蛇"，虽然有些夸大，但真是有惊无险！

上午在这片南亚季雨林中，不幸赶上了下雨，我们纷纷披上雨衣，生态向导却任由雨淋，为何？人家的回答令我感动，说怕雨衣有摩擦之声，影响听力或遮挡视线，就无法及时探知动物的行迹了。果然，人家一路上总能把碰到的鹿的喊叫、鸟的倩影、虎的行踪……一一告诉我们，犀牛的大粪堆干脆在路中央，想不看都不行。老虎的"挂爪"，深深的几道抓痕留在树干上，令人不寒而栗。懒熊在刨白蚁时留下的深坑，清晰可见，尤其是在我们所住"丛林酒店"的原址的木廊道上，有一堆懒熊粪便，"熊便"地证明"我来过"！也就是在这个为了国家公园的有效保护迁走而成为废墟的地方，在一处残破的房屋墙壁上，我们遭遇了大毒蛇。

在接近一座军人值守的营地附近，我们与一只"大公鸡"，但非一般的鸡，而是非常著名的"红原鸡"邂逅了，他起初没觉得我们的到来，正向前漫步，忽然见到这些不知哪儿来的不速之客，回头就跑，瞬间消失，好在后来我终于拍摄到一张不太清晰的红原鸡飞翔版。

艰难的雨中徒步，几位女团友逐渐有些体力不支，问向导能否回去，向导说，不能，走出来了，只能继续，我们排成一个纵队，硬着头皮鱼贯前行，好在本地向导一直为我们披荆斩棘，但也是步履越发的沉重，就在举步维艰之际，忽然传来一个声音不大却对我来说如雷贯耳的招呼："快

梅头鹦鹉

黑头黄鹂

白胸翡翠

赤胸须鴷

黑斑黄山雀

黑鸢

宽沟拍到凤头蜂鹰　　　　　　　　横纹腹小鸮

棕胸佛法僧　　　　　　　　　　　钳嘴鹳

蜂虎成双　　　　　　　　　　　秃鹳

看，猴子！"透过重重密丛，远远地见到树端的几只上蹿下跳的甩着长尾巴的猴子——哇，长尾叶猴，我不假思索地做出判断并在毫无依托的林间举起我的83倍拍鸟神器，要知道，长尾叶猴，在南亚的宗教里地位崇高，大号"神猴哈奴曼"，也是中国人熟悉的西游记里的孙悟空的原型。几只长尾叶猴早已发现了我们，只是因在高树顶端，具备了安全感，所以它们不仅未逃走，还一个劲儿地向我们吼叫，似乎在下"驱逐令"。当我们领会了猴意，便连忙与之"拜拜"了。

在奇特旺国家公园，我满打满算就只有一天半的时间，接下来的一个下午和一个上午，无论是驱车还是骑象，进入国家公园，都要安全和安逸得多，见到犀牛和几种鹿的机会也频繁一些，作为麋鹿保护者，自然也会对这里的鹿种感兴趣，坐船、驱车、骑象三次深入保护区，发现的鹿包括斑鹿、水鹿、豚鹿和赤麂。而两天来我观鸟拍鸟最大的收获，却是在住地附近，坐在房间，可观黄鹂；酒店院里，寻到褐翅鸦鹃；最最令我激动的是在一个树干上的树皮疙瘩似的一个圆乎乎的小东西，竟然是一只怒目圆睁的横纹腹小鸮。

这里体型最大的保护对象也是保护最具成效的，我认为就是独角犀，客人遇见的概率比较高，我甚至还一早一晚两次见到犀牛涉水渡河，来村庄附近觅食的场面，黄昏里，一只犀牛被几位年轻的村民追赶，又跑回河的对岸，却迟迟不走，躲在密丛中观望，与村民呈对峙之势，足见这里的动物保护既有与本地经济社会发展相辅相成的一面，也有大型动物危害村民利益的一面，但是，甘蔗没有两头甜，有野生动物，这里才有开展生态旅游的资本，否则，空旷的林子，游客不会感兴趣；而对游客具备吸引力的大型动物，又可能会对村民的生产生活造成威胁。由此，趋利避害，在国家公园设立时，需要妥善把握与权衡。奇特旺在尼泊尔语中是"丛林之心"的意思，方圆932平方千米的广阔荒野、南亚季雨林，是独角犀与孟加拉虎统治的国度，1973年建立国家公园，1984年被列为联合国世界遗产名录。但据记载，这个地方也曾几经坎坷。1911年英国国王曾来狩猎，有39只老虎和18只犀牛被猎杀记录。外来贵族的狩猎行为毕竟有时限，直至20世纪50年代，这里的唯一能常驻的人是一群对疟疾有抵抗力的原住民。1954年在国家全面消灭疟疾之后，大批失地农民蜂拥而来，伐树垦荒，生态破坏，致使老虎和犀牛一度分别下降到100只和20只。这个不幸的消息传到尼泊尔国王马亨德拉的耳中，于是他宣布这里为王家保护区，而后，国家公园的成立，2万多农民被迁走，动物们才得以苟延残喘。好景不长的是，盗猎时有发生，幸亏军方的介入，方又劫后余生，军队进行巡逻，野生动物数量逐渐得以回升。此行考察，我们见到的废墟就是几年前迁出保护区域的"丛林酒店"，遇上原鸡的地界，恰为军队的营地。

值得借鉴的是，尼泊尔的动物保护之所以在全世界成就瞩目，其护生文化深入人心，这从尼泊尔的钱币上的图案，可见一斑。

5元卢比为牦牛；10元卢比为羚羊；20元卢比为斑鹿；50元卢比为野羊；100元卢比为犀牛；500元卢比为老虎；1000元卢比为大象。尼泊尔的国兽为黄牛（我觉得有点奇怪，为何是驯化动物），国鸟是棕尾虹雉。尼泊尔是一个幸福指数很高的国家，安贫乐道，护生惜物，在我们走访的

南亚卷尾　　　　　印度寿带

奇特旺骑象客看独角犀

奇特旺丛林遇长尾叶猴　　　　　　　　　　奇特旺的豚鹿

奇特旺附近以茅屋为庐的居民——塔鲁民族，虽看上去家徒四壁，却一个个友善乐观。我在他家竹楼酒吧喝茶时，足不出户就拍摄到了白胸翡翠。观鸟奇特旺，简直是信手拈来。稍微回顾一下所摄之鸟，包括拍到待辨认的鸟种，短短一天竟超过五十种，不计其数的还有看到没拍到的诸种。

　　另外，对变色蜥蜴及印度食鱼鳄等爬行类，也都留下美好的影像，可谓时间短，收获大，物有所值，不虚此行。

　　为了分享此行的收获，我做了一个题为："博物研学尼泊尔、'五一'摄鸟奇特旺"的演示幻灯片，最后用了这样几句话：

你若丰富，她便精彩！厚德载物，奇特旺财。

绿水青山，金山银山。生物多样，永续发展！

海南澄迈观鸟

　　2017年年底，我得到了一个令人喜出望外的任务——海南澄迈生态环保局特邀前往讲座。12月11日一早离开寒风凛冽的北京飞向椰风习习的海南，中午抵达美兰机场，澄迈"生态办"冯主任亲自接机（且全程陪同），令人感动。下午没课，冯主任带我来到富力集团开发的一处景点"红树湾湿地"。湿地本应多鸟，我也充满期待，遗憾的是，两目圆睁，远近搜索，竟一无所得。好在大门附近盛开鲜花的羊蹄甲树上，见到、拍到一些北京没有的褐喉花蜜鸟与黄腹花蜜鸟，也算有所收获，否则，见到的动物就只剩人工饲养的一群吵闹的火烈鸟和沉静的四只羊驼了。

　　下榻宾馆附近无甚自然，好在过马路有一个城市广场，我便如饥似渴地在广场周边树林寻寻觅觅，见到一群绣眼，拍到一只拿姿拿态的鹊鸲（南方的大菜鸟），度过了在海南岛却观鸟收效甚微的首日。

　　12月12日是讲座的正日子，上午为思源学校初中生做"生态 生命 生活"讲座，下午为全县领导干部做"学习十九大，感悟生态文明"讲座。轻车熟路，手到擒来。上午的课后，冯主任带我来到一处名为高溪生态园

丝光椋鸟
在澄迈

的咖啡园，这里生产福山咖啡，本地人士不仅有品咖啡的习惯，而且咖啡园都是坐落于一些清幽自然的去处，这样，我又如鱼得水，不，如鸟得林。

冯主任在室内悠闲地品茶品咖啡，而我则拿起相机，奔向水塘，看鸟！一见这样的生态，就应有鸟啊！果然，远见水塘对岸的电线上，一只大嘴巴的翠鸟，初以为是蓝翡翠，待转至对岸，挨近一看，竟是白胸翡翠，刚举起相机，这只大鸟一头又飞向我刚才所在的对岸，嘿！跟我打游击呢，我只得轻手轻脚再沿着水塘绕回来，好在，接近那棵落鸟的苦楝树，一群丝光椋鸟簇拥着这只白胸翡翠，并未把我当回事，于是赶紧拍摄！白胸翡翠之所以没有马上飞，完全因为它躲在树丛后面，待我左右寻找，想寻一处无遮挡的角度拍摄时，这鸟又一下子呼啸而去，这次可是飞远了，不再过水塘对岸跟我逗闷子了。好在，此地属于部队农场旧址，荒野废墟，生态良好，鸟情自然不错，我首次拍到一只暗灰鹃鵙，当时根本不认识，过后向鸟友请教并查看鸟谱后才算知晓。趁老冯喝咖啡的工夫，我还拍到鹊鸲、灰鹡鸰、珠颈斑鸠、红耳鹎、棕背伯劳、池鹭……好地方，希望再来喝咖啡！

此行澄迈，是中国环境出版社妥主任一手推进的，他虽作为民革党员，起初，安排的完全是一次学习十九大生态科教之旅，不料，最终竟成以民革党员为主的活动（上机场之前，与中央社会主义学院同学、海口中国国民党革命委员会海口市委会林主委共进午餐）。在为干部们讲座的县委礼堂，主持人黎县长是民革党员、人大彭副主任也是民革党员。课后，二位当地领导兼同党都来共进晚餐，令人受宠若惊。更感人的是，

橙腹叶鹎 暗灰鹃鵙

花蜜鸟与羊蹄甲

ROBIN | GUO GENG

次晨，彭主任得知我酷爱自然和观鸟，主动帮助联系并带路去当地的一个热带雨林特色的保护区"加笼坪"，一路细雨蒙蒙，领导亲自陪同，步入保护区，巡逻队队长一直奉陪顺密林小路考察，但大家丝毫也不敢离开道路，因为雨天，蚂蟥就等在树上，待人或动物经过，便扑将上来，吸血！趁我专心拍鸟之际，一只细瘦的蚂蟥爬到了我鞋帮，队长手疾眼快用烟头将其消灭。怕蚂蟥，更怕毒蛇，所以，谁也不敢造次，离开道路。两边林子里，鸟鸣山幽，我努力地寻找，并及时举起相机拍摄，终于拿下一种叫橙腹叶鹎的漂亮的林鸟，当时我也不认识，看那绿里透红的羽色，还以为是拟啄木呢，过后才知，此乃我头一次遇见的、在海南应为常见鸟种的橙腹叶鹎，天阴林暗，又是用镜头捕捉活动中的鸟，难度极大，所幸，基本拍到它的轮廓，弄清它的特征，判明出它的类别——橙腹叶鹎，感谢我们民革党员暨澄迈人大彭主任、感谢加笼坪自然保护区的陈主任和巡逻队一行，更感谢澄迈环保局周全安排、特别是生态办冯主任的全程照料。

不入虎穴焉得虎子，其实，我作为澄迈地方生态教材编写组的一名成员，事先对本地生态特色与本地资源进行考察和了解，从而取得一些有助于教材编写的一手资料，十分必要。

探秘浑善达克

2018 年北京科学技术研究院（以下简称北科院）刚刚成立了科普传播中心，恰逢暑期来临，北科院自然科考夏令营于 8 月 9 日开营啦！这个由天文馆主办的多年在浑善达克沙地开展的天文主题活动因科普中心的成立，此次则发挥了组合优势，自然博物馆派毕海燕博士讲述沙地植物，麋鹿生态中心则由我讲述沙地动物、特别是鸟类。

9 号上午一辆满载老老小小、上至七旬老翁、下至少年儿童各色人物的大轿车从北京天文馆启程，朱进馆长则亲驾小车一路疾驶，在接近正镶白旗时，我发现路边电线杆上有小型猛禽，停车摇下车窗，用袖珍拍鸟神器——600 毫米的长焦相机拉近拍摄，一看知是阿穆尔隼，满怀兴奋，不料，这一路，我们竟屡屡邂逅阿隼，在正镶白旗的敖包下，我远远见到一隼，于是唤同行的《科普时报》尹总一同接近，他亲历了我拍摄这只小猛禽呆立版的全过程，更即时拍摄记录了"鸟人拍鸟，他拍鸟人"的生动画面。

此行所到的正镶白旗海拔在 1200~1400 米之间，最高海拔 1776 米，北部为浑善达克沙地，中南部为低山丘陵草原。由于地貌不同，地理环境

浑善达克车拍
阿隼吃小雀

ROBIN | GUO GENG

多姿多彩。全旗南北长112千米，东西宽88千米，总土地面积6229平方千米，是草原文化与农耕文化过渡带，农牧交界区。

明安图镇，正镶白旗政府所在地，原名"察汗淖尔镇"。2002年5月，经中国科学院和国际天文学联合会小天体提名委员会批准，将中国科学院国家天文台朱进为首的研究人员发现的国际永久编号28242号小行星正式命名为"明安图"星以纪念清代蒙古族科学家明安图在数学、天文学等方面的贡献。在广袤的锡林郭勒草原南部，有一片神秘的沙地。它就是中国十大沙地之一的"浑善达克沙地"。锡林郭勒草原和浑善达克沙地具有十分美丽震撼的自然景观，独特的地貌以及宽广的视野有助于摄影创作、天文观测，丰富的鸟类更使草原和沙地充满别样的生机，

白琵鹭

白琵鹭

雌性阿穆尔隼　　　　雄性阿穆尔隼

雌性阿穆尔隼　　　　　　　　　　　　　　　　雄性阿穆尔隼

骑车的牧牛人　　　　　　　　　　　　　草原营地母子之驼

下榻的正镶白旗宾馆上方，一群寒鸦飞过　　　　　　　　灰头麦鸡

本次科考夏令营，深入到了沙地腹地，不仅体验坐越野车穿越浑善达克沙地，还分别来到毛驴村和蒙古族牧人部落，充分感受到了白旗人的热情与友好。

这次夏令营对天文爱好者营员来说，可谓千载难逢，既有日偏食观测，又有英仙座流星雨，但对我来说，满脑子都是阿穆尔隼的印象，毕竟几乎天天见，阿隼可见的频率就像我们在北京遇见喜鹊一样多，在几根电杆之间，常能遇见，均匀分布栖息的阿隼，因为猛禽各有领地，不会轻易聚集，电线杆便成了它们各霸一方的"敖包"，说这话是因为我要向内蒙古朋友解释，敖包则是蒙古族文化的典型代表。

开营当天下午是专家讲座，美女毕博士讲《有毒植物》，感觉十分受益，毕竟隔行如隔山，术业有专攻嘛！我则推出了《魅力观鸟》讲座，像每次外出讲座一样，在讲座开始就把当地拍到的鸟类美片放进演示幻灯片与大家共赏，阿穆尔隼及达窝里寒鸦必是我要展现的明星鸟种。

哪曾想，次日在前往毛驴村（晨光村）的路上，于草原公路的路边围栏，我发现一只阿隼，赶忙请亲自为我们驾车的方舟旅行社梁总停车，大家还茫然四顾，鸟在哪儿呢？我把架在车窗处的相机拉近，再拉近，几乎满框地呈现了这只阿隼，从相机取景框，我惊异地发现，这可不是以往阿隼的呆立版，而是一只扯毛吃肉的饕餮大餐中的小猛禽，它的爪下是一只小雀，我拍摄几张，又忙不迭地换为摄像模式，以自成一派的"郭氏摄录法"由鸟的特写拉宽镜头，再把拍摄者及身边各位也摄入镜头，这种风格的小视频放到微信上与群友共赏，毕竟孟子有言"独乐乐不如众乐乐"。

此行本是来做自然科考辅导的，却从对鸟的、特别是对阿穆尔隼的观察中，探知了个中奥秘，真是万物有大美，格物方致知！尽管我从一到内蒙古，就开启了观鸟模式，但8月11号下午三点算是正式带大家野外观鸟，地点是在正镶蓝旗夏日湖湿地，短短一个多小时，我们在有如镶嵌于浑善达克的一颗明珠的草原湿地遇到了白鹭、苍鹭、穗鹏等十余种鸟。尤其是穗鹏，多见于草场与公路交界的四处可见的围栏上，就连我们曾住过一宿的蒙古包营地，也发现有，可谓相当多见的一种草原鸣禽，我已圆满拍到。

白天收获满满，夜晚回房间整理图片，我意外发现，拍摄的阿穆尔隼有的花哨，有的素雅，难道不是一种？在观鸟群问一下，回答：色彩艳丽的是雌性，毛色素雅的则是雄性！我们拿到如同动物世界大片的狂吃之隼，乃是一只胸腹无花点儿的雄鸟！啊，猛禽真是另类，竟与多数鸟类截然相反，一般鸟类大多是雄性高大艳丽，雌性淡雅矮小，猛禽却大相径庭，不看不知道，世界真奇妙！

黔灵两日行

  2017年岁尾，我作为老科学家演讲团成员，应贵州科技厅之邀演讲于"黔灵科技讲堂"，11月24日周五去，25日周六飞回，从北京到贵阳，虽然千里迢迢，短短两天，却也收获满满。第一天上午三个小时飞到贵阳，午餐豆花面，下午半日闲，正好去观鸟，去哪呢？科技厅小陈早已安排好行程，就近，去黔灵山公园！

  这里虽然是一个城市公园，但很亲民，五元门票，门槛较低，有山有水，有鸟有猴，人流熙攘，极富生机。刚一进山门，就遇到领雀嘴鹎（亦名绿鹦嘴鹎）、八哥、灰鹡鸰、黄臀鹎、红尾水鸲、白鹭、小鹀鹀……特别是一只红尾水鸲搂在池中一支结满红果的花楸上，舒展着红尾，煞为艳丽。入园不久，耳边充满了某大爷在山坡上口琴吹奏的老歌曲，熟悉的新疆舞旋律，令人情不自禁要踏歌而舞，陪同的科技厅小陈看着我直乐，对这位小伙子毫无感觉的旋律，却令我却手舞足蹈，一看就暴露了"老炮儿"年龄。

  还是看鸟吧，一片灌丛，鸟语盈耳，我知道，这是遇上鸟浪了，何为鸟浪？就是很多鸟，不同种的许多鸟欢聚一堂，你可以左顾右盼，尽情

黔灵山
红尾水鸲

ROBIN | GUO GENG

观看，它们几乎目中无人，叽叽喳喳，只在意鸟和鸟之间的事情。当然，这个鸟浪中，黄臀鹎、领雀嘴鹎是主体，显然与北方的灰喜鹊树麻雀居多，大不一样，尤其是领雀嘴鹎（原以为又名绿鹦嘴鹎，据说跟绿鹦嘴鹎还不一样）呆立枝头，任你拍照，一袭绿衣，青翠靓丽。

水边传来"吱吱吱"的声音，一听就是小翠儿，普通翠鸟昵称小翠儿，南北都有，水边常见，但见一只鲜艳的翠鸟立在池边，我的镜头刚把它罩住，就蹿了出去，纵身入水，叼起一鱼！知道它还会回到原地，我马上转换为录像模式，把这个难得的进食场面全程摄录下来，直到它飞向对岸。

观鸟就是能治颈椎病，俯仰有度啊！看完水面的，举头仰天，一只猛禽，在黔灵湖的上空翱翔，从舒缓霸气的飞行姿态和硕大的身形看，一定是猛禽，机会难得啊，我又开启了录像，原来是一只尾巴分叉的黑耳鸢，尽管距离遥远，正好我今年"五一"在尼泊尔拍到过几乎飞到我头顶、近在咫尺的黑耳鸢，算是老相识了。

"良好的生态环境是最公平的公共产品，是最普惠的民生福祉"，游憩于黔灵山公园的美好感觉，是对习大大这句话的最好诠释。无论何人都能来到这里体验山水之美，尽享鸟兽之乐。令我暗挑大拇指的是，这里的动物园，虽是园中园，却不再收票！纵观各地动物园，除了麋鹿苑是里外都免费的，哪还有养动物却不收钱的园子呢，即使伦敦摄政公园，其中的动物园也要另收票呀。用一句时下最流行的话表达我此时的感受，就是：厉害啦，我的国！

黔灵山动物园不大，却狮虎熊狼一应俱全，隔着玻璃拍照，恍如与虎共舞。一水相隔的鸟岛，大型游禽依次游来，仅天鹅就有疣鼻天鹅、南美黑颈天鹅、澳洲黑天鹅、赤麻鸭、鸳鸯、加雁、鹈鹕……优哉游哉，最奇葩的是一对儿浑身灰羽的澳洲蜡嘴雁，正在上演一场你追我跑的激情剧，我感觉有情况！急忙摘下镜头盖，拉近拍摄，果然，只见雄雁一步成鸾凤，爬上雌鸟身！难得一见呀，不仅鸟儿罕见，蜡嘴双雁，如胶似漆，爱成一团，更是头一遭遇到，今天算是得大奖了！但见雄雁咬住雌雁娇美的后颈，待稳如泰山，便开始"停车坐爱枫林晚"！身旁一女客，似是大学生，问："干吗呢？"我调侃道："交配呗，嗷，别看了，少儿不宜啊！"同行的科技厅小陈、小敖对我今天的发现赞不绝口。

黔灵公园，名不虚传，其中专设"灵长区"，在如此小的园子里，实属难得。能见到如此多种的猴子，我算遇见亲人儿啦，为何？在全世界的动物类群中，我最熟悉的莫过猿猴了，毕竟所出书籍中，有三本是写猴的《世界猿猴一览》《猿猴亲子图》《猿猴那些事》，这里有世界多地的猴：南美卷尾猴、狨猴；非洲狒狒、绿猴；亚洲食蟹猴……龇牙咧嘴，各具风骚。不知道当时我是不是有些失态？见了猴子，忘乎所以，自问自答，如数家珍！

文撰至此，飞机已经腾云驾雾，我也时醒时睡，空姐忽然来问"先生喝点什么"，今日国际素食日，机上备份有素食！我实在感到惊喜，干脆来罐儿啤酒吧，压压惊！此行演讲，效果圆满，亲子互动，长幼皆欢。凭窗鸟瞰，万水千山，回味黔灵，妙趣盎然！

记得，从进入黔灵山，到步出动物园，几乎步步见猴、步步惊喜，也

黔灵之澳洲蜡嘴雁交配

遇虎纹伯劳在大丰麋鹿保护区

黔灵之相思雀

黔灵之猕猴百态

黔灵之非洲冠鹤

步步惊心。为什么呢，还是因为猴子，这里随便可见的是漫山遍野的猕猴，它们落落大方地在人流中穿梭，显然是经多见广，如入无人之境。这类境况，出现在省城中心的公园里，在全国恐怕也不多见，只记得在南宁龙虎山看到过。据同行的科技厅朋友说，从小就知道这里有猴子，已是老住户了，据说黔灵山还发生过一起神奇事件，几十年前的某夜，山上传来火车般的轰鸣，次日一看，一大片树林被齐刷刷砍断，有猜是不明飞行物的，至今仍是未解之谜。如今，国泰民安，猴丁兴旺，老老少少，携妻带子，特别是小猕猴，十分惹人喜爱，小小的面孔，就已满脸皱纹，一幅饱经沧桑老于世故的模样，好在叫声安详，经常发出"呜呜"的轻唤，大猕猴则爱憎分明，对胆敢挑衅戏弄它们的人，动辄发出"嘎嘎"的发狠之声，我俯下身，以低机位拍猴，看看这几张"大王叫我巡山图"，颇为自得，这也算 2017 年年底贵阳之行的意外收获。

如东观鸟

国庆过后，北京的环路上又恢复了往日的拥挤喧嚣，车水马龙、车流滚滚，上下班的路上堵车是常态，但我的心情却因假期里到黄海之滨观鸟的愉悦而畅快不已，回味无穷，可谓"心远地自偏"。记得有一本写国家公园的书，提到国家公园的功能之一乃是"中和作用"，说的是人工环境对人的生理心理的伤害需要从自然生态中得到疗养和调理，因此，越是现代的社会，国家公园的存在越有必要，同理，假期里出去走走，放飞心灵，张扬野性，正是对伏案工作的现代生存方式的一种"中和"。尽管野外观鸟的那几天每天都在暴走，风里雨里的，甚至如东小洋口的客栈服务员都不理解我们为何从城市远道而来海边看鸟，简直是花钱找罪受，我便笑答："我们就是'神经病'"。

这个国庆过得不错！一号二号坚持岗位，我在麋鹿苑值班！四号坐上南下列车，睡一宿便到达南通市的海安县（这里是我国黄海海岸线，凑巧的是，海安县与海岸线，音近），五号一早，由中国观鸟会组织、李欣欣为领队的如东国庆观鸟小分队 11 个人，终于在观鸟界大名鼎鼎的条子泥

国庆如东
幸遇白腹蓝鹟

国庆如东
幸遇虎斑地鸫

国庆如东
幸遇鹰鸮

海边聚齐了。鸟友中，除了一位来自南京、两位来自福建三明，大多数是来自北京，其中称得上老朋友的鸟友就是老雷，在我们都还没观鸟、甚至我还在濒危动物中心工作的时候，他是旅行社老总，我则作为澳大利亚客人拍摄秦岭动物的生态导游。尽管地区不同、行业不同，年龄各异，相互之间基本不认识，但我们的目标就是一个：鸟！接待我们的地陪董师傅，可不仅仅是个驾驶员，他对当地鸟情了如指掌，对当地的通关人情更是得心应手。因此说，有一个得力的地陪鸟导，对初来乍到的观鸟者来说至关重要。

　　每次观鸟，几乎都有某某目标鸟种，此行的首要目标鸟种是勺嘴鹬，这可是一种世界极危级的鸟类，夏季在北极冻原沼泽即俄罗斯楚科奇半岛繁殖，冬季则迁徙到东南亚湿地，而中日韩都是勺嘴鹬的中转地，据统计，勺嘴鹬的全球数量仅仅几百对，正在面临灭绝厄运，从繁殖地，全球暖化，大水漫漫，导致其特有的繁殖环境冻土层减少；中转地重要一站的韩国的大型填海计划，毁坏了勺嘴鹬的栖息地；我们此行的盐城、南通一带海滨正是勺嘴鹬的必经之路，我们亲眼见到在勺嘴鹬觅食的潮间带，或见渔民拉网捕鱼，网细鱼小，大有一网打尽之势，无疑，在与勺嘴鹬等鸟口夺食。或见大型机动车拖拉机等在海潮退去的瞬间闯入海域，在我们刚才观鸟、看勺嘴鹬的地方，拖拉机长驱直入，捕捞蛤蜊等，演绎着现代版的鹬蚌相争，所有这些，都令人对勺嘴鹬的生存状况忧心忡忡。好在，勺嘴鹬的保护正在进行中，此行条子泥，就遇上了盐城保护区的保护人员在科考并与国际鸟友合作开展环志工作。盐城的陈浩主任还特意过来，在小洋口与我见面，交流经验。至此，我才知道，我们头一站观鸟的条子泥乃是盐城东台市弶港镇的地界，次日下海的滩涂、内塘及魔术林和下榻的小洋口则属于南通地界。

董师傅趁着早上游人不多，把我们带到一处有海防武警把守的海岸线条子泥，潮起潮落，满目涉禽，铺天盖地，我们急忙支起高倍望远镜，在一个小型鸻鹬类的群中，一下子就找到勺嘴鹬，所谓幸福来的有点快！在一堆小涉禽中，摘出想找的"勺嘴鹬"，绝非易事，毕竟距离遥远，此鹬与各种小鸻、小鹬，外观个头不相上下，唯一的特点就是喙型不同，被我们昵称为"小勺子"的勺嘴鹬的嘴尖端突然变大，形同勺子，更确切地说像个小匙，故而得名，有人戏称它们是自带餐具的小鸟。可惜，距离太过遥远，我们经常在拍摄过程中跟错了目标，初见小勺子，结果忽然就变戏法般地变成了环颈鸻等别的滨鸟。

我虽观鸟多年，但热爱有加，长进不多，幸亏是跟着高手学习，有福建施大侠、北京雷大侠、南京秦大侠、特别是领队李大侠的火眼金睛，才有幸见识到那么多的鸟种，据小洋口董师傅讲，勺嘴鹬经常处于小群中，而非混迹大群；勺嘴鹬比其他鸻鹬类，显得更勤劳更忙叨。按照这些特征，找到小勺子便相对容易一些。

后来，我们见到一位很投入的观鸟大叔，竟然身入海水，爬卧在水中，架着长焦相机拍摄勺嘴鹬，几只"小勺"在他前后左右觅食，人鸟合一，他这么投入，不得到勺嘴鹬的大片才怪呢！

黑脸琵鹭是一类名气很大、数量很少的涉禽，初到条子泥，我们轻轻松松地就发现了几只，也是忙不迭地在沿海滩涂上用大嘴横扫着觅食。我曾在香港米埔和深圳福田看到形单影只的黑脸琵鹭，没想到这次在如东碰上成群的了，真如老友再会，十分亲切。更凑巧的是，我回到北京，一到麋鹿苑，就遇到了白琵鹭，这是与黑脸琵鹭外观极其接近，但相对多见的一种大鸟，主要差别就是喙基部上的黑色，黑脸琵鹭有，而白琵鹭无，但这两种鸟都有一副大嘴吃天下的架势！

站在海堤上，只见随着大潮的涌来，各种鸟类齐刷刷地被海水从左向右推，有鸟友指着望远镜里的东东说，"看，胡萝卜。"啥？海里哪来胡萝卜？我凑过去一看，原来是大群的蛎鹬，红彤彤的大嘴，还真像胡萝卜！蛎鹬的毛色通黑，这红与黑的绝配，令人过目不忘。

离开潮间带，冷雨嗖嗖，转战内塘，一处旷阔的水面，烟雨茫茫的远处，竟是三只火烈鸟，大家都知道，火烈鸟又名大红鹳，不是在中国分布

如东观鸟，大杓鹬

如东观鸟，滨海蛎鹬

如东观鸟，大杓鹬

如东观鸟，大杓鹬

如东观鸟，勺嘴鹬等水鸟

的鸟类，但近年在我国不断有火烈鸟的出现，包括北京麋鹿苑，我也曾拍到一只，这个现象值得分析。按照自然因素，它们应为迷鸟，可是，绝不排除从动物园、养殖场成群结伙跑出来的，看眼前的几只，浅粉的羽色，倒像是逃逸的未成年鸟。

为了节省时间，领队欣欣特意为大家准备了食物，边走边吃，这样，路上就解决了午餐。之后何去何从？欣欣挨个儿征求大家意见，似乎都倾向去看林鸟，毕竟，上午已经饕餮了"鸻鹬大餐"。于是，小分队冒雨前往海堤内侧的林带，在看不到头的堤路前行，左为大海，右为一色的灌丛与乔木混杂林，看似无奇的环境，却频频擦亮了我们的双眼，是什么鸟种那么令人动心呢？

你若丰富，她便精彩！这里的她是自然母亲。一片狭长的林子，在一般人眼中，可能枯燥乏味，在我们眼中却成了异彩纷呈的舞台。

开始，一些鹟、鹎、柳莺、伯劳等鸟类闪现，渐渐，白喉矶鸫、虎斑地鸫等更漂亮、个头更大些的鸟亮相了。继而，罕见的紫寿带也登场了，虽然是一闪而过，但被我等及时拍到。这也是我所谓的观鸟拍鸟三境界，一能见到、二能认得、三能拍下。君欲善其事，必先利其器。此行观鸟队伍中，我拿的是 600 毫米的片机，柴老师拿的是 65 倍变焦机，韩老师拿的是 83 倍变焦机，其他鸟友则一水儿用的是单反长焦。尽管相机差别很大，但根本没有任何人去攀比设备档次。

最令人兴奋的是，穿越茂密的灌丛，有一双怒目圆睁的凝视我们的眼睛，那是谁呢？从鸟的立姿与体型，可知是猫头鹰的一种，从花纹与

如东林鸟之东方角鸮

如东林鸟之北鹰鸮

如东林鸟之白腹姬鹟

如东林鸟之白腹姬鹟

如东林鸟之白喉姬鹟

如东林鸟之虎斑地鸫

如东观鸟，勺嘴鹬等水鸟

如东观鸟，飞翔的黑脸琵鹭

如东林鸟之紫寿带

如东林鸟之猛禽捕蝉

如东林鸟之魔术林

形态得知，是鹰鸮，或曰北鹰鸮。其实，对鹰鸮的注意，还应感谢刚才过去的一辆越野车上的观鸟者，他们友好地向我们透露说前方有"鹰鸮"，我们才这么有目的地寻找一番。大林子里找个鸟毕竟比大海里捞根针容易啊！哪知，一波未平一波又起，见到鹰鸮的激动劲儿还没过去，又一种猫头鹰闪亮登场了——东方角鸮，这是一种比鹰鸮还小、保护色更好、羽色貌似树皮的小型猫头鹰，同样是一双圆睁的大眼，使我们的长焦镜头可以透过枝繁叶茂的树林，聚焦并对焦在那精彩生动的小脸和炯炯有神的双眼上。

鸮形目的鸟类与其他鸟类最大的区别就是位于正面的双眼，全球一万多种鸟，多数鸟类的眼睛都是位于头的两侧，以便顾及和防备后方的捕食者，鸮则不必，人家是捕食者啊。一下拍到了两种猫头鹰，我们一个个心满意足，甚至已经不思上进，不想再往前走了。还有什么比这种观鸟体验更惬意的呢？雨还在淅沥沥地下，我们白色、黄色的雨衣竟未影响到观鸟，也许正是由于下雨，鸟儿才呆呆地躲在枝头，哪曾想，这帮鸟人却不顾下雨而还来看人家，抱歉，打扰了。

次晨，到洋口的海印寺，我们在阳光普照下合影，又在佛光普照下观鸟，果然不俗，在寺庙的后身，有两位拍鸟人也在，一片乱树与灌丛地带，发现很多林鸟，给我印象最深的就是白腹姬鹟，也被我们叫成"小蓝鸟"，那雪白的胸腹和艳蓝的羽毛，实在令人感叹，白腹姬鹟往往"戏精"似的呆立枝头，让你尽情拍，拍到手抽筋。

每天观鸟结束，晚餐之后便是对鸟种的小结时刻，第一天的成绩是

70 种，可谓初战告捷，目标鸟种基本都已拍到，大家无不心满意足，鸟友刘老师带来了好酒，助兴庆祝，干杯频频，乐不思蜀。

第二天，由于对以前频有佳绩的魔术林，我们期望值很高，此次鸟情却差强人意，更因遭遇保安的轰赶，说这里是酒店的私地，第二天一统计，增加的鸟种不超过 40 种，大家的情绪远不如昨天。

此刻，到了决战阶段，甚至需要赌一把了。领队欣欣及时出题，让大家预测一下这次能够观到的鸟数，带娃（擅长绘画）来观鸟的柴老师说 101，大兴进修学校韩老师说 117，西苑医院刘老师说 126。我喝了口小酒，压压惊，说了一个数 121，为什么是这么一个数，在场我的夫人最清楚（生日），但我的解释是，前一个国庆观鸟小分队记录到的鸟是 120 种，我说一个比他们多一种的数，表示稍胜一筹，而非稍逊一筹。

其实，听到鸟友小关爆出国庆头几天如东观鸟 120 种时，我已经大为惊奇了，真有那么多啊？既然有了设定目标，我们开始了"疯狂"地记录鸟种，平时不太在意的"菜鸟"也一一记录，如灰喜鹊、树麻雀、那些稍为一闪、转瞬没了踪影的鸟也不放过，如白骨顶、灰头绿、灰斑鸠，观鸟活动中，鸟人能亲眼见到各种鸟就像是得了福利！能见到目标鸟种，就已经相当于获了大奖，毕竟，不是每次都能如愿以偿的。第三天中午，我们从魔术林回来，竟带着"黑翅鸢"等珍奇鸟的大量记录满载而归，以三天里共计观察到 123 种鸟的成绩圆满收场，我也因为预测数最接近胜利答案，而荣获中国观鸟会的包括勺嘴鹬在内的一套鸟类邮票奖励，真是意外之喜。

如东观鸟，卧海的勺嘴鹬与拍摄者

观鸟界有一句谚语"你若学会观鸟，就如同获得了一张进入自然剧场的门票，而且是终生免费"。观鸟活动是一种简约而丰富的生态之旅、友谊之旅、科考之旅、博物之旅，个人负担不重，经济上都是 AA 制，观而不关，摄而不射，痴而不吃，随遇而安，更不会给地球造成负担。临别，大家依依不舍，相约三明，相约珲春，相约麋鹿苑，相约再去观鸟。愿鸟儿永远亮相在自然的大剧场，凤翔麟至、莺歌燕舞的世界，才是真正的民生福祉，才是人与自然得以永续发展、和谐共享的天堂。

拜见榆林鸟会会长 陕西治沙所演讲

　　记得，几十年前的一个春节，我送姥姥从北京经山西介休过黄河返榆林。再一次是自然之友梁从诫会长与副会长杨东平带队赴黑龙潭植树，回榆林我还见到了姥爷，认识了祖上刘宗周题的"功在名山"。2006年和2016年分别还有两次回榆林，2006年是政协包头培训，就近到了一趟榆林，最后探望了姥姥，回来成文《陕北探老》。2016年则是在秦妹夫的推动下实现了首次赴榆林讲座，一路观鸟，回来成文并发表在榆林日报《榆林观鸟记》。

　　"十九大"刚刚闭幕，2017年10月底，再次来到我妈妈的家乡——榆林，这次文章的题目却越发简洁，不是没内容，而是在短短的两天半时间，巡讲、会友、探亲、观鸟，经历甚多。

　　10月29日晚九点与中科院科普团白武明团长和徐文耀副团长同机抵榆，榆林教育局贺进副局长机场接机，辞谢了东道主准备的接风晚餐，我们入住长泰国际酒店歇息，我通过陕西省动物保护协会秘书长常秀云联系到了榆林鸟会王鑫会长，终于在家乡找到了同道。

30日上午没事，我便唤上润淮弟弟跟着鸟会会长驱车北行来到陕蒙交界榆溪河源头的河口水库，做啥？看天鹅。真够远的，过了岔河则乡才见湿地，还没到水畔，就见一队队天鹅扶摇直上，好像是被人惊扰而飞，等我们从北到南，挨近水面，茫茫晨霭中只剩下几十只天鹅静静地浮在水面，似乎是大、小两种天鹅，不远处还有鸬鹚、赤麻鸭、绿头鸭及鸥类。王会长与当地人很熟，他正筹划在此建立保护区和博物馆，以求开展保护和科教。每年都有上千只的天鹅来此歇脚，一些外来者的打鱼行为，却不断骚扰着天鹅，所以王会长的举动十分必要，他虽属商人，却因爱鸟之公益，受人敬重。因此我把他介绍给了鸟友李理及治沙所。

　　原计划一早观鸟之后去探望患病的二姨，但时间不够了，赶回酒店午餐还迟到了半个小时，匆匆吃了几口，小憩片刻，下午开始干正事——讲座，首讲是榆林一中，显然是新校区，1200名高一学生在大阶梯教室济济一堂，

榆林：我的姥姥家 1

榆林：我的姥姥家 2

他们选的是《灭绝之殇》，这是我的一个博物学性质的课程，虽不够热闹，还算丰富多彩，感谢该校的白校长一直在听课并给予高度评价。课后抓紧时间探望了二姨，也算公私兼顾了一下。

是日晚，促成此次科普之行的榆林杨副市长，在石油大厦招待我们，同为榆林人的中科院老科学家演讲团的白、徐两位团长也正想和市长谈谈在榆打开科普巡讲局面之事，也算报效桑梓，杨市长刚从重庆赶回，我们又是"中央社院"同学，大家合影留念，相谈甚欢。

31 日全天有讲座，上午在高新区二小，小巧灵秀的李校长自我介绍

榆林讲课
兼观鸟

是首都师范大学毕业，给小学讲座用上黑猩猩面具，自然效果显著。下午在榆林十中讲座《生态文明》，最重要的是，这是老榆中（榆林中学）的所在地，妈妈便是在这个位于半山腰的百年名校毕业的，所以，我能来讲座，肯定别有一番滋味在心头。课后，郭副校长和生物学科的张老师陪同我参观了由革命家刘澜涛题名的"校史馆"，刘志丹、杜斌丞等前辈都出自此校，甚至还有杜老1921年捐建的图书馆，即目前可见的该校唯一纪念性建筑并由林伯渠题名的"斌丞图书馆"。当晚应邀参加一个"小酌"，官商混杂，杯盘狼藉，与纯粹的生态考察和公益的科普演讲，殊为异样。

11月1日应算完成榆林科普巡讲，此行的安排十分严谨、周到、体贴，我们演讲团三人决定退房，毕竟，客走主人安。我还另有一场"陕西治沙所"邀请的讲座，是该所蒋博士推动的，选择题目为《生态文明及学习十九大相关内容》，听课人员有限，幸亏鸟会王会长，还有我小姨也来捧场。我感觉治沙所安排的最精彩的行程是，课后来到他们的珍稀沙生植物基地参观，紧邻红石峡景区的面积达数百公顷的生态基地，鸟语虫鸣，松涛阵阵，核心一泓泉水，路上野鸡频现，真乃难得一遇的观鸟胜地，2003年当时的国家领导人还来过这里，我便在其题字"一定要把这个园子保护好"的大版字下留了影，午餐后速奔机场，经西安返京，虽然榆林之行来去匆匆，但也感慨多多，收获多多。

农展馆拍鸟 幸遇棕腹啄木、蓝歌鸲

　　见到鸟友在微信上秀"棕腹啄木鸟"，垂涎三尺，一问说在农展馆拍到，周日一早立马地铁前往，进入坐落在三环边的这座当年之"十大建筑"的大院，树木挺拔，高耸入云，没走几步，南行小环岛，眼前一个"炮阵"——一架架长焦相机"长枪短炮"构成的队列，仰望树顶，似乎空空如也，忽见一只黑卷尾，我举起我的83×高倍机，信手拍下，可身旁各位都说"黄鹂""黄鹂"，再看，果然，那就继续再拍！照片和视频都拍了！拍！拍！飞了！太容易啦，刚到就拿下美丽的黄鹂，算不算是初战告捷啊。

　　"拍鸟大爷"们还在环岛守候，我没忘是奔谁来的，继续前行，直到东墙根，见有两位老者，双炮并立，仰对着墙外的榆树，估计十有八九在等"棕腹"，猜得不错，侧逆光中，影影绰绰有啄木的身影和"嘚嘚"的敲击树干之声，于是悄悄凑过去，端起相机，穿过密丛，远见一只啄木鸟正沿着树干向上移动，甭管是不是"棕腹"，先拍两张，觉得是，又赶紧按下录像按钮，摄录了一分多钟，瞥见二位老者，似乎没有看到，因为他们的大炮带脚架，还呆呆地立在那里，等待鸟儿进入他们设定好的摄程里，

ROBIN | GUO GENG

农展馆拍摄
鸟友稿

而我的手持高倍机则机动灵活得多，无论哪个角度、什么位置发现鸟踪，便立即瞄过去，随时按下快门，成像质量肯定比不上单反配脚架，可灵活性上绝对略胜一筹。又守候了十几分钟，又来了几位拍鸟者，可是，再也没见谁拍到"棕腹啄木鸟"，于是，把我摄录的小视频给大家分享，但心里多少感觉有点不厚道，是不是有些"得了便宜卖乖"，反正见到拍到棕腹啄木鸟，了了我一个多年耿耿于怀的心愿，于是马上撤，见好就收嘛！

北行不远即湿地，湖边不少持大炮坐等的，凑过去，只见小鸊鷉、黑水鸡、鸳鸯等，无甚稀奇，便又兜回环岛，更多的"炮爷"在这里仰望天空，一看，啊，原来一只隼在高树干枝上端立，这里真是观鸟胜地、风水宝地！于是再次混入"长枪短炮"的人群，拍摄燕隼！直到拍得手抽筋，呼的一下，燕隼飞了！夫人一再感叹今天简直是"人品大爆发"啊，人家等了许久才拍到，咱们一来就拍到，拍到了，鸟也飞了，怎么这么有福气！是啊，人品呗。

之前听说这里有"蓝歌鸲"，却没有遇到，难道也有这样一团一团的拍鸟大爷？我和夫人利用共享单车，南北寻找，先是在北侧灌丛见到一拨

农展馆拍到棕腹啄木鸟

农展馆拍到黄鹂

"拍鸟大妈"，顺手得到几张"红喉姬鹟"，从一位资深拍鸟大妈那里得知，拍摄蓝歌鸲的一团人是在"五号馆"，于是跨上"小黄车"，奔向蓝歌鸲。

几乎到了跟前都未发现这嘎达，峰回路转，真有密密麻麻一团人或坐或立，围拍啥东东，我们凑上去，空无一物，见一男子上前施放小虫，明白啦，诱拍呢。再次混入拍鸟人群，但这次性质不同，纯属诱拍，竟然，人的素质也降低了一大块，我也算个卧底吧，刚挤进去拍鸟人的行列，就听全场忽然变得寂静了，来了！只见一只小蓝鸟蹦蹦跳跳从茂密的灌丛出来了，叼了一虫，旋即隐身灌丛，耳边的快门声戛然而止，嗡嗡的说话声又开始了，听语气，多是些北京老炮儿，在人堆的靠前位置有个空位，于是我便挤进去坐下来，蓝歌鸲再次出来，我也再次得手，于是收起几乎是全场唯一的一把"小枪"——便携高倍机，逃离诱拍的人群。

回家乘地铁，有座真舒服！由于夫人刚才是站在拍鸟人群的后侧，便把听到的一些告诉我，说后边一位老炮对我颇有微词，说"就这破机子，还敢往前凑"，哈哈！我不在乎啥牌子啥价位，只要能好用，起码我这83× 也是台新机子啊！这就叫"平民的价位、学者的品位"，看来如今人民生活水平太高了，我的相机档次跟一般拍鸟的百姓，尤其是炮爷们（一色的单反不说，还要去攀比，太贱太俗！）都比不了，真是平民啊。于是回家后，我在上片子、写微信时，便赋诗（顺口溜）一首："不是单反无脚架，某 × 还对俺笑话。拍到才算硬道理，地铁有座乐到家。"

爱屋及乌 爱鹿及鸟

　　成语"爱屋及乌"说的是因为爱一个人而连带爱他屋上的乌鸦。比喻爱一个人而连带地关心到与他有关的人或物，这个成语出自《尚书大传·大战》："爱人者，兼其屋上之乌。"成语多为比喻，而我喜欢这个成语，不仅是因为它的比喻，更是因为它的本意，就是爱鸟也爱鸟的环境，特别是作为与鹿共舞的人，这些年我可是越发地喜欢与鸟共舞了。

　　所在麋鹿苑，是以保护麋鹿这个国家一级保护动物作为我们的旗舰物种，何谓麋鹿作为旗舰物种？就是打着这样一个旗号，保护繁衍麋鹿的同时，更需维护好这种动物赖以生息的环境——湿地，而湿地又吸引了、供养了各种动物前来栖身，鸟便是其中的主要角色。

　　想想，麋鹿身边出没的鸟很多，我们留下影像的却不多，原来，常伴麋鹿左右甚至站在麋鹿身上的鸟类还是屈指可数的，大概算了一下，也就是乌鸦、喜鹊、八哥、牛背鹭。

　　有图有真相，说是乌鸦，乃是其中的一种——达窝里寒鸦，这种鸟在北京，属于冬候鸟。

还有喜鹊，此乃北京地区的留鸟，一年四季都在（却没见过灰喜鹊上到麋鹿身上过），我把喜鹊站在麋鹿身上的片子唤作"一路有喜"。

喜欢跟麋鹿起腻的鸟还有八哥，它们常常肆无忌惮地站在麋鹿头上作威作福，我把这类场面的片子唤作"八哥压鹿"。前些日子我在一个科普网页展现了一套麋鹿与鸟合一的摄影作品，一位网友竟然指责说，在科普网站，以科普的名义，展现这样的片子，是绑架"科学"，嚯，好大的帽子。岂料，片子背后可是老有说道的啦！

一种南方常见，北方偶见，大名鼎鼎的鸟叫牛背鹭，一听名字就知道，这种鸟惯上牛背，当你游历江南，见到水牛时，便会时不时会见到牛身上的鸟——牛背鹭，真是名副其实啊，这些鸟干吗要站牛背？为了食物，还有警戒，站得高看得远吗。同理，一旦这种白鹭飞到麋鹿身边，也会照例上到鹿身，上去干吗？找吃的呗。自然之事，互惠互利。我们从表面看，这些鸟是从哺乳动物身上找吃的，那么，从麋鹿角度看，乃是为麋鹿清理寄生虫，很多都是麋鹿自己够不到的，如后背、颈上、头顶，有了寄生虫咋办呀，哎，大自然的安排真是巧夺天工，出神入化，有兽还有鸟，有寄主还有寄生。至于那些"一鹿有喜""八哥压鹿"的戏说，只是科普创作中附加的佐料，起到引人瞩目或忍俊不禁的目的，若把佐料当饭吃，就难免消化不良。

有人问，你爱鹿，怎么又爱上鸟啦？简直是"爱鹿及鸟"。万物相形以生，众生互惠而成。自然本身就是一个多姿多彩、生机勃勃的大千世界，即所谓的"生物多样性"，只有多样性，才有稳定性！麋鹿生存于湿地，湿地也是

爱屋及乌 爱鹿及乌

各种鸟兽爬虫之家,而物种丰富程度的多寡,还体现了生态质量的优劣。

作为环保前驱的美国生物学家蕾切尔·卡逊,描述的《寂静的春天》就是一幅万物萧疏、物种丧失、水土污染、鸟兽绝迹的惨象。试想,麋鹿栖息于湿地,湿地如果污染严重,鸟都不来了,鱼都毒死了,成了兔子不拉屎的地方,麋鹿还能保护得了吗?人还能生存的了吗?

爱屋及乌,从科普角度解释,就是关爱动物并且关爱其生存环境,而这个环境又是人与鸟兽同在一个蓝天下的生命共同体。即便是成语中的乌鸦,也是需要正本清源,予以关爱的。

记得一次郊区考察,我关注了一下村子周边的鸟,多为乌鸦,便给拍摄记录了下来,委员们上车后,跟大家分享我的发现,政协机关一位工作人员却很不解地说,你怎么还爱乌鸦呀?我看出来了,在她眼里乌鸦似乎是不祥之物,民俗文化中,的确不乏有违自然、有违科学的个例!而在我们眼中,乌鸦就是一种鸟,一种鸣禽里的大个头,北京周边包括麋鹿苑生存的"环境清道夫",我们一直在认真地观察和记录:多数是小嘴乌鸦,还有大嘴乌鸦,冬季有大批的达窝里寒鸦,前不久还发现几只秃鼻乌鸦,就是见不到山鸦和松鸦,因为它们只出没于山林地带。大嘴乌鸦在北京城区比较罕见,而恰恰我在家门口拍摄到了一对站在楼顶的大嘴乌鸦,令我兴奋不已,真是鸟运长久、鸟运亨通啊!

适逢3月3日世界动植物日,我在刚刚成立的"大兴鸟会"群,为新入的会员提出一个观点:"观鸟,首先强调意识,其次强调知识,意识是保护、是感受;知识是博物、是认知,我们与鸟共舞,需要二者兼备。"

银川巡讲记

一、旅途会友

2018 年 4 月中旬，受老科学家演讲团派遣，参加中国科协"大手拉小手科普报告希望行"宁夏巡讲。4 月 15 日周日一早黑乎乎的我就出家门了，风风火火地乘地铁到达首都机场，办好值机手续，坐定一低头，得，惨了！只见两脚上的鞋，是一样一只，这可是第二次了，好在这次都是棕色，尽管一深一浅。顾不上尴尬，还得跟一位来京开学术会议、今早返程温州的诸葛同学联系，微信就是便捷，昨晚约好机场见。一会儿，诸葛院长就风尘仆仆地来了，我们是去年中央社会主义学院的同班同学，虽同窗时间不长，但微信上一直保持联系，同学见面分外亲切，匆匆合影，又各奔前方。我随即把这一机场会同学的图片发上朋友圈，不料，一位二十多年前的老同事李梅在朋友圈中见到，而她竟然也在机场 T3 航站楼，于是，李梅也跑来相见，这算是真正的偶遇了，脚上鞋一样一只的我，还忙不迭地在机场会见朋友，比起同行的五位"老科学家"，我简直是百忙！而且这种同学会面还从北京延续到了银川，一下飞机，就受到宁夏科技馆赵馆长等人的夹道欢迎。我们因有本团周又红老师在科技馆，于是就转到科技馆用餐。得，银川还有一位中央社会主义学院的同学等我呢——宁夏固原市九三学社主委马保相，我的一位笑容可掬的回族同学终于赶来，而且还带着美丽的夫人，我们当然更是左一张、右一张地合影，发朋友圈，特别是在同学群里显摆一番，半天两地，已见二君，我也是醉了！

二、湿地观鸟

此行巡讲，各校所选题目，一多半是我的"湿地"讲座，以前没有遇到过，为什么啊？请教了科技馆的同志，才知，银川又名湖城，由于黄河流经，湿地众多，河湖纵横，在我头一天讲座的灵武五中，就紧挨着秦渠——一条建于两千年前的人工湿地，课后，我还专门跑步几百米瞻仰了这条古老却默默干涸的人工渠。听说在银川还有汉渠、唐徕渠，中国历史悠久，老祖宗留下的东西太多，这要在欧美，就不得了了，简直得供起来。

在银川讲座，都是下午，正好上午去观鸟，头一天即开门红，我骑着小黄车出宾馆飞奔至艾依河，先见到一群鸥在飞来飞去，主要是红嘴鸥和普通燕鸥。继续前行，一种黑羽白额头的水鸟——白骨顶，随处可见，这次还观察到白骨顶的一些特殊行为，如也能像小䴙䴘一样贴着水面飞和一头扎水里。原来还以为白骨顶是涉禽，这样看来似乎更接近潜鸭类的游禽？前行，前行，远远见到辽阔水面上，一群棕色鸭子，难道是赤麻鸭？举起望远镜瞭望，才知，不是！是啥？不知道。观鸟的最大乐趣就在于遇到陌生鸟种，先拍下来再说！在这二三十只一群的鸭子中，基本是成双成对，总有双双相对共餐的场面。不料，把这相对而视推向极致的竟是一对儿凤头鸊鷉，当我见到这对鸊鷉时，它们正在热恋、婚舞中，我赶忙举起相机拍摄，几张照片之后，想起应录视频，刚录了一小段，它俩就分开了，可能有人会以为我打搅了它们的好事，非也！我所在的距离跟他们相距数百米，丝毫影响不到这对恋爱者，好在还录到一段鸊鷉婚舞的尾声。

回到房间，立马将拍鸟收获整理到第二天讲座的演示幻灯片中，这也是我结合本地生态与物种进行动物保护生态保护的法宝——本地的生态、鲜活的物种、非凡的视角、新近的发现！每每把我在当地拍到的鸟片展现给听课的人，总有出奇制胜的效果。当然经过查图鉴和询问鸟友，更要把神秘的陌生鸟，弄个水落石出，原来我在艾依河遇到的这群不认识的鸭子，乃是赤嘴潜鸭，谁料，在银川车水马龙的城市，竟刷新了我观察到鸟的种类的纪录。常常有人说，我们就生活在这，怎么没发现还有这么多、这么好的鸟，我说，你若丰富，她便精彩！你如果具备观鸟拍鸟的能力和博物学志趣，身边的世界就会瞬间精彩起来。

之后的两天，我在宁夏人民广场拍摄了白鹡鸰与同行美女的叠影；在

银川——求爱中的凤头鸊鷉

银川——红嘴鸥

银川——白鹡鸰与同行"美眉"

博物馆外的草坪上拍到出双入对的赤颈鸫；在高楼环绕的"森林公园"拍到录到正在吃虫的北长尾山雀……银川之行，博物之旅。遗憾的是，作为北有黄河、贺兰山，中有沙湖，南有六盘山的宁夏，却没有自然博物馆，其自然胜迹何处体现呢？总不能让大家都去跋山涉水打扰动物吧。

在4月19日宁夏科技馆邀请我做的《动物与人》科普讲座中，我提到了曾经去看岩画、看岩羊的贺兰山。

据资料，贺兰山堪称一座天然的动物园，据不完全统计，贺兰山共发现有野生脊椎动物179种，其中，国家重点保护动物有16种。飞禽有草原雕、秃鹫、雀鹰、百灵等几十种；走兽有雪豹、猞猁、赤狐、马鹿、盘羊、獐子等。

但是，我说，这里亟待处理好生命权利与生态权利的关系，贺兰山野生食草动物由于缺乏天敌的控制，基数大，增长率高，生物链已趋破坏，如果不进行科学管理和适当干预，岩羊等动物无限增长，将对贺兰山的生态环境造成更大的损害。

在银川讲课的最后一天上午，我们一行几位"老科学家"来到宁夏科技馆，展品很丰富，内容也不落伍，但见到了一些本地珍贵动物标本，是即将取缔的，据说科技馆马上面临改造，这些标本也将不复在此了。作为与人类同为地球公民的鸟兽、作为博物学上如此丰富多彩的物种、作为具备山水林田湖草的生态多样的宁夏，是否应考虑给格物致知、厚德载物的博爱之士，特别是给孩子们在科教场馆的自然教育设置上，留一席之地、存一息之机。

婺源观鸟

2018.1.31 婺源第一天观鸟日志——初到婺源

节前婺源把鸟看！约上几位野鸟友，无问西东，只找鸟踪！江西婺源的黄喉噪鹛、白腿小隼、中华秋沙鸭都是我期待已久希望见到拍到的明星鸟种，于是一月底利用休假时间携妻高铁直抵婺源。北京野鸟会李强恰好刚刚带领完北京教师观鸟团，并接着在此等候，做我们的鸟导，倍感幸运，毕竟他就是江西人，我们十位大人三个娃，无不信心满满。

四点下车，我们从车站甩掉黑车司机的围堵，暴走至植物园附近，正在一个山根下的菜地附近跟踪一只红尾鸲一类的鸟，忽有二人下山，以为是老乡，抬眼一看，竟是身背大炮的牛鸟友父子，颇有他乡遇故知之慨。于是一同观鸟，领雀嘴鹎，枝头不飞，就是没见到白鹇，据说召集大家前来的唐老师首开纪录的鸟便是橙腹叶鹎和白鹇，鸟运太好！我们所见基本都是菜鸟：远东山雀，北红尾鸲……隔墙芦苇荡荡，苇尖小鸟悠悠，谁呢？先拍下！我俩左一张右一张的，初以为白腰文鸟，回来后经牛鸟友判断为亚成斑文鸟。继续向驻地所在的婺源中学方向行进，在城区流淌的美丽河

婺源白腿小隼

婺源铜蓝鹟

ROBIN | GUO GENG

边的电信宾馆废墟处，黄昏里，鸟迹多多！几种鹛的身影在树丛闪动，溪流畔的红尾水鸲，被我居高临下摄入！乌鸫、小鳻鹡，就像尾随我们一般，边走便有。

从河边穿桥下集市，眼前大街对面就是"七天酒店"，到了。终于大家聚齐于此，组员为：北京观鸟会李强会长、此行领队唐俊颖老师、网名小鸟的老鸟王世和、观鸟新人化学老师徐颖、冯如娟李佳宁母子、崔丽徐不为母子、牛震饶小玥牛子胥一家三口、郭耕程玉两口。老鸟相互认识，又分别出去觅食，非旅游旺季，街上以本地人为主，我们便在路边小馆来两碗手擀面，共十元，顺口而便宜！之后鸟人们不约而同临时客串"拍月亮"，因为今晚是152年一遇的天文事件——月全食。看手机微信朋友圈都在刷月亮，我上的与众不同的图片乃是"月中鸟"。

婺源观鸟小景

2018.2.1 婺源第二天观鸟日志——明星鸟：斑头鸺鹠、白腿小隼、凤头鹰、铜蓝鹟、橙腹叶鹎、叉尾太阳鸟……

2月1日早晨，我上街寻找早餐之所，忽然想起昨晚路过财政局，对面一片树林，树下一些垃圾，虽是荒芜景象，树上却传来两声猫头鹰的鸣叫，于是今早再至来寻，一无所获，眼看从左到右把林子上上下下巡视一番而不得，正要离开，最后不甘心地回头一瞥，竟觉得树梢有一团可疑之物，莫不是一只小鸮？我掏出望远镜，呀！可不是嘛，就是一只鸟！于是用相机连拍带摄，可惜高树枝杈茂密，遮挡太多，无法拍清晰，尽管这样，拿这几张差强人意的图片给鸟会会长看，判断"斑头鸺鹠"！哇，对我来说真是高大上的鸟啊！

我们在社区早餐铺吃了稀粥油条及各种小菜，心满意足八点出发！一辆旅行车载着我们一行十几人，由婺源野保站洪站长带领，顺着饶河的主干之流乐安河，直奔晓起镇，径直来到晓川饭店，一楼为餐厅，三楼屋顶却是最神奇的地方，我心目中的神鸟——白腿小隼，就在不远处的树梢上，于是就在这方寸之地，店家因鸟而赚，我们也志得意满地下来吃饭，珍稀之猛，是店家收到金钱，而爱鸟之人也得到满足，各得其所！

在这楼上，不仅有白腿小隼，我们还得到凤头鹰、铜蓝鹟、橙腹叶鹎、叉尾太阳鸟……尤其是午餐后下楼河边拍的铜蓝鹟，吃扶芳藤的果子，翠蓝加艳红，美不胜收！12：30车奔坑口，半路于汪口观景台居高临下，汪口全景一览无遗，李强不愧为野鸟会会长，一眼瞥见山头翱翔的一只蛇雕，几个连拍，纷纷再得猛禽！

婺源白腿小隼

婺源观鸟小景

婺源铜蓝鹟

继续前进之紫阳镇坑口村、石枧村村委会，先到渡头自然村拍摄著名的"中华秋沙鸭"，其实远隔极阔的河面，凭借拍鸟神器拉进拍摄。临出发，遇村民父母索要停车费，说是车站了他家的地，全无牌无据，好在仅仅20元，我们交完了事。从乐安河过桥，又在河的看秋沙鸭的对岸，穿村进竹林，寻找"短尾鸦雀"这个原名挂墩鸦雀的稀有小鸟，除了我从混群的几种鸟中好不容易看到两次，团友对此鸟再无建树者。我还遇见棕颈勾嘴鹛，都没拍下，但灰眶雀鹛不仅成群结队，而且拍到了清晰图片。晚上，领队唐老师一统计，并经大家补充，今天的发现竟达40个鸟种，在疲惫并快乐的回味中，结束了婺源观鸟的一天。

2018.2.2 婺源第三天观鸟日志——明星鸟白鹇

古树高低屋，斜阳远近山，林梢烟似带，村外水如烟。

这是一首描述婺源风景的绝妙好诗，有"中国最美乡村"之誉的婺源，一般人都是来拍花，那要三月四月来，我们不是，春节之前正是大众旅游淡季，作为小众群体的我们此行前来的目的是观鸟！

2月2日天还不亮，6点，我们的中巴旅游车疾驶出城，奔向婺源郊外的赋春镇，去干吗？看白鹇！穿过两个村，从洪家至程家，途中的山路两侧便是白鹇出没点。在山沟尽头的程家自然村，处处老房，更难见到年轻人，典型"空心村"。

白墙黑瓦给我们极为深刻的印象，地道的徽式建筑，有些已房倒屋塌，手机也没有信号，正是因为偏僻，没有手机才能有鸡！什么鸡呢——白鹇！一位老乡说，昨天还见到几只白鹇，于是，我们顺着小路车行缓慢，一路搜寻，却没有成效，几乎快到沟口大村，在一处急拐弯处，几只亚成白鹇就在山根觅食，我抬手按下快门，一梭子出去拍了十几张，最终几只小白鹇消失在密林中。再行不远，白鹇的两只成年雄鸟，又赫然在目，我们不敢下车，隔窗拍摄，终于皆大欢喜，之后，大家缓步深山沟，拍到了各种鸟。

一统计，这一上午竟也拍到了39种鸟，白鹇为主，众鸟为辅，主辅相宜，举杯庆祝！午餐要了一壶婺源糯米黄酒，荷花鲤鱼，为美酒、美食、美鸟、美景而陶醉！

下午月亮湾的美丽，使我们登高拍摄，也正是因登高，被两个突然冒出来的村民索要门票，又是无牌无据，使我们对婺源的最美山村大打折扣，就像东北雪景，被人乱收费，婺源是圈套式收费，预先不说，半截声称"此路是我开，留下买路财"，古代故事的现实版，观鸟乐游的小插曲，鸟美人不美，景美心不美，多少还是令人感觉有些美中不足。

鄱阳湖观鸟记

2018.2.4 鄱阳湖第一天观鸟日志——明星鸟四种鹤与东方白鹳

今天我们从南昌驱车 60 千米，奔向吴城镇。半路一见满眼水面，就知接近湿地了，野鸟会李强会长抹净旅行车满是水雾的玻璃窗，好像变魔术似的，喊到：看！白鹤！哪儿呢？我东张西望，没觉得有鸟，下车支起单筒望远镜，果然，不仅有白鹤，还有白枕鹤，那熟悉的身姿，为何这么说呢，因为前几年曾有一只白枕鹤飞落麋鹿苑，我几乎天天看它，一个月后，它补充足了能量，一飞而去，今天看了这几只野生白枕鹤，我觉得格外亲切，说不定就有那只来苑串门的白枕鹤呢。

继续前进，我眼前一亮，大路朝天啊，原来是穿越鄱阳湖区的一条公路——"水上公路"，为何呢？因为旺水期，湖水上涨，会淹过路面。在水上公路的半路，有两个观光亭，我们纷纷停下来观察，首先发现了斑鱼狗，这是在北京极其罕见的一种翠鸟，我们先是跟着拍，不久，发现这鸟儿根本不怕人，频频飞到我们头顶，悬停！悬停！捕鱼！捕鱼！于是，

ROBIN | GUO GENG

鄱阳湖：
飞翔的东方白鹳

鄱阳湖见
灰胸竹鸡

大家举起相机，收获佳片！

换到第二个观光亭，停车稳当，极目远望，大湖深处，大片的白色涉禽，李强判断是东方白鹳，而更近一些的大鸟，黑乎乎的几只，竟然是白头鹤，至此，我们收获了四种鹤，就差迷鸟沙丘鹤了，但那是大海里捞针，难见啊！

中午来到吴城镇，这个我18年前曾经来过的地方，当时觉得是一处古风依稀、空空荡荡的旧镇，如今却成了房高车多、商铺比邻的大镇，不变的是这里的物产——鱼，家家户户都有晒咸鱼或鱼干的。午餐有白鱼，肉嫩刺多，十分可口。

稍歇片刻，驱车奔向八字墙监测点，门前一块巨石，刻有几个大字："天下第一湖"。保护站没人，但不妨碍我们登高远望，瞭望台上，大湖深处，又见几只白头鹤，这下可以确认这种鸟存在无疑。从保护站对面小路到另一个方向的水面，我们还没下车，就看到远方水面上的几个白中带黑的大鸟——东方白鹳，再次相见！待停稳，下车，望远镜一扫，天鹅、白琵鹭、斑嘴鸭、东方白鹳，在淼淼的天光水影间，呈一条白线，甚至一坨坨的白鸟，同时，天空不断飞来一只、两只、三只甚至更多的大鸟，主要是东方白鹳，还见到一行白琵鹭，若不是把连拍图片放大来看，还以为是天鹅排队了，仔细端详，才看出是琵鹭。

今日观鸟，令人兴奋的不多，晚餐时，核对鸟种，没想到，今天见的种类却是最多的，47种！尽管湿冷刺骨，吃住条件都降到了乡村级，但鸟种情况还算令人慰藉。

2018.2.5 鄱阳湖第二天观鸟日志——明星鸟白胸翡翠与娇莺

　　今晨八点半，我们从吴城粮油站出发，上船，随郭老大（我们的老船长，其实比我还小一岁呢）奔向朱市湖（两个湖池）！刚出发还未登船，就见白胸翡翠，甚至落在我们的船上。拍照！顺修河而下，见到白枕鹤一家。

　　上岸，荻花瑟瑟，所见不多，除了惊起一家白枕鹤，最嗨的是李强老师拍到一只河麂，我们麋鹿苑不乏河麂，但这是真正的野生动物，难能可贵！回程迷路，我们好不容易找到来路，暴走到船上，已十一点半，于是把所带食物尽量消灭掉。再到修河左岸上来午餐，我也不想吃啥了，阳光和暖，倒身便睡，还真睡着了！后有东方白鹳在我们头顶盘桓，也一一摄下。

天鹅竞飞

白鹤翩飞　　　　　　　　　　　　野外遇鹤舞

一对儿金翅雀　　　　　　　　　　北红尾鸲与美女

拍摄一只伯劳　　　　　　　　　　橘园里的灰头鸫

下午，进去沙湖和蚌湖（芦团村，海昏县遗址），见到凤头麦鸡，体色为惊人的金属光泽的紫绿色，牛鸟友卧在那隐蔽拍摄，我们说说笑笑，离开见到东方白鹳、白头鹤等珍禽的地方，又奔蚌湖及一个废弃的居住点，不料这里乃是鸟种极多的地方。

我们绕着老房，这里还是"海昏侯故地"，但旧时王谢堂前燕，已然或去或留，各得其所。我猜这样的废墟上应有猫头鹰，可惜未遇，却见到了褐翅鸦雀，一种棕黑色的体型比喜鹊还大一些的鸟类，由于只有我一人目睹，就被大家称为"郭耕的私房鸟"，为何？别人无福享用呗，此行我的私房鸟还有第一天见到的"鹎鹨"。废墟前更多的小鸟是娇莺，使我想起杜甫的诗句"自在娇莺恰恰啼"，我们尽兴地拍摄，抢在夕阳余晖下去之前！

今日走得不善，水上陆上，回到驻地，对门办丧事的不再奏哀乐了，而是改唱戏了，还算舒服一点，但牛鸟友的一番话倒逗得我们开怀大笑："儿子听了两天，都会哼哼了。"约好与船老大同饮，他搬一壶五十度老酒，我们频频相祝，为今日观鸟的辛苦，也为明天的一切顺利干杯！

2018.2.6 鄱阳湖第三天观鸟日志——明星兽江豚河麂

一早，先与妻同去"吉安会馆"，一个精美古老的建筑物，被命名为省级文物保护，拍了一些构图有趣的照片，心满意足！

早餐后8：30，我们从吴城镇粮油站码头坐船去梅溪湖、中湖池。从修河"嘟嘟嘟"顺流而下进去赣江，在一片宽阔的江面，各色大船满载货物，往来行驶于江中，大有"百舸争流"之势，鸟会会长李强早已提醒大家，这里是江豚出没之处，我们便举起相机，严阵以待。

赣江边的白胸翡翠

不久，就见平阔的水面，露出一个或同时露出两个黑黝黝的头，谁？这就是大名鼎鼎的江豚！大家一下子激动万分，左顾右盼，搜索并拍摄，远远近近，大概有七八只江豚，翻来游去，掀动着水花，也掀起了我们心中欣喜的浪花，毕竟江豚是继白鳍豚之后唯一存在于长江中的大型哺乳类，由于过度捕捞，过度设施，过度船运，过度污染，使这种进化了两千多万年的古老物种，数量每况愈下，不到1000只了，所以我们是心怀恻隐，以膜拜甚至忏悔的心情来看江豚。

船在赣江继续前行，在一群凤头䴙䴘纷纷起飞的小河湾停船下锚，先暴走梅溪湖，一路干涸的芦苇及荻花，鸟类稀少，小云雀、棕背伯劳、棕扇苇莺，也就没啥可见的了。随本地鸟导即船长"郭老大"向湖区深处进发，李强会长名不虚传，登高远望，竟然在远方的一群东方白鹳身旁发现了一对河麂，又是"一兽顶十鸟"，上午这一会儿工夫就见到了两种异兽，可谓双喜临门！

拖着疲惫的步伐在干涸的湖区跋涉，鸟情不太旺，我们退回船上，老船长继续发动小船的发动机，向前进发。十二点了，大家拿出随身携带的食物，坐在船舱里开启了"午餐节奏"。

下午，登陆八分场围堤，开始观林鸟。堤上老树，乔灌草丛生，一看就是鸟类不错的藏身之地。暴走开始，前面是郭老大和牛鸟友，我随后，忽然发现右前方不高的树枝上站立着一只白胸翡翠，而且嘴中还叼着一条大鱼，我立马举机连拍，同时呼唤前面同伴"翡翠"，不等别人回来，我捷足先登拍下了美丽的白胸翡翠图片，而且嘴里还叼着一只"死鱼"，那

见到江豚的水域

观鸟鄱阳湖

鱼眼正好盯着我看，让走过去却没看出有鸟的牛鸟友懊恼万分，几位高手在留意一只罕见的柳莺——"日本柳莺"，我们各有所得，包括我也拍到这种小鸟的身影，实属难得。

5：30 回驻地对鸟种，不说不知道，一说吓一跳。今天所见的鸟种简直一路飙升到 57 种。看似平和的一天，却收获颇丰，值得回顾。

2018.2.7 鄱阳湖第四天观鸟日志——明星鸟灰胸竹鸡

像住在吴城富顺大酒店的每天清早一样，今天还是与妻同去遛早，一天一个方向，几乎把小小的位于赣江和修水之间的吴城镇给走遍了。"鸟来鸟去山色里，人歌人哭水声中"，几天来，我们见识了这里的红白喜事，还有"顿顿有鱼户有船，家家扶得醉人归"的新农村景象。今天干脆直奔日出的江边——赣江之畔，沉船破船，都可入镜，皆是美图。于是我俩进入互拍模式。

早餐后，李强会长带我们溜溜达达地来到本地的名胜景观——望湖亭，

发现灰胸竹鸡（远景） 发现灰胸竹鸡（近景）

黑领椋鸟

观鸟鄱阳湖 悲戚的粘网

登高望远，赣江与修水二河汇合的盛况尽收眼底。

从最高处鸟瞰，见李强会长正在下面菜园子观鸟，估计有情况了，于是我迅速下楼，凑近李强，同时听到菜地对面的竹林中传来一阵"啪啪"的动静，原来有鸟！到底是啥鸟呢？我们双目圆睁地搜索着，李强一声"见到了"，随即举机拍摄，我还是愣看不见，找啊找，焦急地问，哪儿啊哪儿啊？忽听一声"看李强相机"，真是令人捧腹，啥？李强像鸡？我们知道真正的意思是顺着李强拍鸟的相机镜头所指方向就是大家搜寻的目标！玩笑下，轻松中，我终于发现隐身竹林里的"灰胸竹鸡"，于是左右开弓，两台相机轮流上，图片、视频轮流来！把这个"地主婆"（灰胸竹鸡的俗名，因叫声酷似这仨字）拍了个痛快。

对了！今天2月7日，还是我们夫妇结婚30周年纪念日，在这特别的日子里，获得的大礼就是这灰胸竹鸡了，对我来说头一次看到如此珍禽，真比获得什么大奖都值！最后一天的鄱阳湖观鸟，也就在吴城镇的保护区保护站院后见到"灰胸竹鸡"的欢快气氛中结束。

极为负责任的领队唐老师每天都认真地统计当日鸟种。今天从离开吴城，途经鄱阳湖水中公路，像来时一样，我们又遇斑鱼狗，而且我还拍到了它朝我飞来的"飞翔版"，圆满地以"狗"收官，此行的全部鸟种117个，可谓满载而归，狗年旺旺！

江门：有个小鸟天堂

　　2018 年 3 月 15 日，作为"老科学家"，在广东江门市新会人民小学课后，终于来到很多朋友推荐的"小鸟天堂"。抵达之前，不断听江门人士介绍，这里有白鹤灰鹤，我都满腹狐疑，不可能啊！实地考察，果然不是，这里的鸟也并非尽是小鸟，而是鹭一类的大鸟，涉禽居多。其实，江门科协吴主席也说，巴金文字描述也非"小鸟天堂"，而是《鸟的天堂》。在中央社院老同学、江门政协胡主席的带领下，我们来到"小鸟天堂"，由经理与解说员陪同，乘坐电动船，绕湿地一周，见到的大鸟有苍鹭、夜鹭、池鹭、小白鹭、大白鹭，以及黑水鸡、鸦鹃、珠颈斑鸠，所谓小鸟即雀形目的小型鸣禽，我这片刻工夫所见到的有鹊鸲、白头鹎、红臀鹎、红耳鹎、树麻雀、棕背伯劳、大山雀……其实应该更多，但由于时间短促，又是在舟船行进中参观，也不便于观和拍，走马观花而已，但毕竟是来了。实地考察确认，这里绝对没有白鹤灰鹤，当地土话描述成白鹤的就是白鹭，灰鹤就是苍鹭，鹤是国家重点保护动物，鹭一般是地方保护鸟类，差别还是很大的。经理极其谦虚地听取我的意见建议，我也是直言不讳，一一列

ROBIN | GUO GENG

江门小鸟天堂：
苍鹭

举所见到的问题。恰恰次日国家湿地公园在此地挂牌,我便把一些生态方面的建议和盘托出,以防在接待游客中,再出现有悖科学的讲解。真所谓:江门有个小鸟天堂,所到之处不忘科普。

江门:小鸟天堂

我借麋鹿的外号也以"四不像"自诩。

我的科普角色是：

像导游不是导游，像专家不是专家，

像教师不是教师，像作家不是作家。

知耕鸟·郭耕

第三部分

知行合一
花
怒放
笔耕福田
鸟
自鸣

识"珍"
十八年

    2016 年 11 月 6 日，像每年的深秋一样，珍·妮古道尔博士再次来到我们身边，几乎每年此时，都是她在世界各地巡讲，转到中国的时刻，她的所到之处就如同过节一般，人头攒动，拥趸者如潮。今年在景山学校远洋分校，虽然远在京城西部的石景山，照例是座无虚席，济济一堂，隆重而热烈。今年有别于往年的是，"根与芽"的办公室工作人员贴心地把我作为珍博士的嘉宾粉丝团成员之一，给我们安排了跟珍博士单独会谈与合影的环节，真是莫大的殊荣。而与多数人不同的是，我与珍博士每次见面，都会施行一下西式的拥抱礼，可惜没人给我们抓拍个好照片！今年，幸亏带夫人来了，擅长摄影的她，及时拍下了我和珍博士相互拥抱的难得瞬间。

    真是令人惊异，掐指一算，自 1998 年在北京麋鹿苑认识珍博士，我们已经相识了 18 个年头了。可以说这些年，从事业到生活，都不乏受她影响的地方，而且受益匪浅。我们的相识，首先缘于黑猩猩，但她是野外研究保护黑猩猩，我只是饲养笼中的黑猩猩，在她面前，我简直是小巫见大巫。可是，还得感谢黑猩猩，珍博士每次演讲，总要以黑猩猩的叫声开场，而我在科普活动中总要戴着黑猩猩的面具，来讲述人与动物关系的故事。如今，我们都是环境教育者，为了共同的绿色未来，她全球各国，我全国各地，奔走呼唤。

为了自然保护，如此高龄之人，一年到头如同空中飞人，满世界地巡讲，讲座中每每抑扬顿挫、娓娓道来，作为黑猩猩等野生动物的代言人，她的这种"精、气、神"，从智力到体力，作为一位 82 岁的老人，简直令人不可思议。

记得那是 1998 年，我刚从北京濒危动物中心调到麋鹿苑工作那年的秋末，珍博士来到中国，在国家环保局宣教中心时任副主任贾峰的带领下，到了麋鹿苑，我之前也是与黑猩猩相伴，现在做环境教育。因类似的经历，珍博士给了我很多保护思想与科普技巧方面的指教。我初到麋鹿苑，科普设施几乎空白，如何制作和开展立意深远的自然教育，几乎无从下手。她耐心地教我，最典型的就是极其耐心地指导我做一个箱子，门上写"这里有一种最可怕的动物"，打开看到里面是一面照见自己的镜子，我立刻心领神会。当晚，我将做好的小样带到她演讲的环保部宣教中心，受到她的赞赏。

过了两年，她又来北京演讲，那天，大礼堂座无虚席，我来晚了，只好站在礼堂的最后，竟然被她从台上给看到了，并招呼我上前面就座，当时，我十分惊异于她的记忆，但转念一想，她对丛林中不同的黑猩猩个体都如数家珍，个个有名有姓的，何况人乎？此后我才确信，作为一位伟大的女科学家，我不但认识她，她也认识我，这才能叫作相识啊。以后，她每有新书出版，也总是记着签上名赠我，实在令人百感交集。

这些年，每次她来中国，我都作为追随者去聆听她的演讲，其实我发现她也在不断完善和调整自己，记得初次听她说的这句格言"唯有理解，才能关心；唯有关心，才能帮助；唯有帮助，它们才能得到拯救（They will be saved）"。后来这句话就改成"唯有帮助，我们才能都被拯救（Shall all be saved）"。这句话的全文是：Only if we can understand, Can we care; Only if we care, Will we help; Only if we help, Shall all be saved. ——JANE GOODALL

看到 JANE GOODALL 这个落款，我又想起一个插曲。一次，珍博士给一群京郊的小学生演讲后签名，她给一个男孩一挥而就地签完名，那个男孩竟不解地问"您干吗给我写个 600 呀"，原来，孩子看不懂英文，把 GOODALL 字母的前几个看成是数字 600 了，当我把孩子的误解翻译给珍博士时，她也忍俊不禁，抚了抚那孩子的头，那份爱怜的目光，仿佛是在看待一只顽皮的小黑猩猩。

珍博士始终以其博爱的情怀，待人待事待万物，她有很多至理名言，我尤其偏爱她说的这句话："就像黑人不是为了白人，男人不是为了女人而存在一样，每种动物也不仅仅是为了人类而生存。每种生命并无高低贵贱之分，都同样完美、卓尔不凡、各具魅力，都是这个星球上独具内在价值和天赋的、具有平等生存权利的创造物……"

尽管珍博士说话的语气，从来都是和风细雨般的，其魅力却令人叹服，所以，成龙作为一名实力派演员、一个大牌影星，竟曾对珍博士说出这样的话："只要你说，我就去做。"

的确，我也是这样，十多年前，得知她是素食者，她告诉我，素食是保护地球的一种生活方式，我便接受下来，从当初的不解，到现在的坚定，实现了从说到做的知难行易全过程。珍·古道尔博士关于素食的思想，还被我在科普演讲中常常引用："对我来说，餐盘里的肉象征着恐惧、痛苦与死亡。一个偏重肉食的社会必然会对环境以及动物带来负面影响；而一种浪费无度的消费观念，则让资源短缺且已千疮百孔的地球雪上加霜。人类与食物之间的关系如此微妙，吃的本身就决定了这个世界。所以，请慎选你的食物！"

这就是珍博士，以其润物细无声的环保"正能量"，影响着这个世界，也影响了我和我们一代人的事业与生活方式。

识"珍"十八年插图——与珍古道尔博士、清华大学刘
兵教授在北京大学

为珍·古道尔书作序

这是一部令人汗颜的黑猩猩大传，珍·古道尔博士积三十年野外与黑猩猩相伴的感触和感悟于一书，既走进了他们的自然世界，也走进了他们的心灵世界、感情世界，从母子母女、性和爱、权势、战争⋯⋯到一个个个性鲜明的成员的悲欢离合、爱恨情仇，珍博士几十年如一日，静观默察、细致入微地探索地球上另一大型类人猿的生命史，她以犀利的洞见、深沉的爱意，仿佛为我们开启一扇大地之窗，如数家珍、娓娓道来，好似在点名道姓地对你讲述自己的亲人和挚友。

从 1998 年在麋鹿苑首次见到她，我与珍博士相识已经快二十年了。二十年前我曾是一名金丝猴、黑猩猩的饲养员，跟珍博士相比，实在是小巫见大巫。她通过自己果敢的举动，只身进入非洲丛林，接近野生黑猩猩，为人类打开了一扇重新认识世界、认识动物，也重新认识自己的窗口，由此奠定了她作为一名蜚声国际的伟大灵长类动物学家的独特地位。

珍博士的魄力甚至早已超过我们这些外观上似乎更孔武有力的男人，因为，之前，有一些男性动物学家是谨小慎微地把自己装进大铁笼，然后

灰头绿啄木鸟

才敢进入黑猩猩栖息地的。我在饲养黑猩猩的时候，也是丝毫不敢把这些"危险的动物"放出来或者置身于黑猩猩的环境里。

记得珍博士第一次到中国来就来到了北京麋鹿苑，当时是我为她做讲解并有幸得到她的指教，她建议设立一个门上写有"谁是最危险动物"的箱子，里面的镜子则揭示了答案，多年来我在一次次的环境教育和接待游客活动中，大家对这亦庄亦谐的科普设施反响强烈。真正的教育，不仅能传播知识，更能引导行为，不仅在于化育别人，也能教化自己，我就是在珍博士榜样力量的感召下，改变了食肉习惯，选择了一种既环保又健康的进食生活方式的。

教育使人从动物成为人，但若不当，也会矫枉过正，使人走上歧路。多年来，我们总是认为自己是万物之灵、万物之长，如此自大自负、自以为是，尾巴都翘上了天，却还毫不察觉。

掩卷沉思，珍博士对黑猩猩特立独行的看法，源于她当初未曾受过学院式的教育和科研专科训练，全凭直觉进入自然荒野，从而不落俗套、独辟蹊径地以勇敢和博爱精神为支撑，开辟了一片跨越物种界限的新天地。比如，她给每一位研究对象都起了名字，而不再像实验室那样给动物编号，这就形成了一种平等眼光看待每只黑猩猩，而非人对动物的居高临下的态度。包括她与黑猩猩平和的目光交流，甚至凝视良久，不禁令人想到柳永词中的一句"执手相看泪眼，竟无语凝噎"。我曾多年与动物打交道，深知，眼光的相对，多数情况是一种敌视，只有少数情况才是善意和爱意的表示，比如，你面前有一只猕猴，当你直眉瞪眼地看着它时，简直就是"叫板和挑战"的表示，在野外那是万万使不得的。岂料，一种动物的大忌，竟是另一种动物的大爱，可见虽然不同种动物的语言行为存在着文化符号的巨大差异性，我们面对异类恰恰缺乏对其"异质性"的理解和尊重。

珍博士的主要研究对象是黑猩猩而非大猩猩，这是两个完全不同的物种，甚至可以说黑猩猩跟人类的关系要近于黑猩猩与大猩猩的关系，但对二者的误解，大而久矣，不仅名称上存在混淆，行为的张冠李戴更是不乏其例。很多人一说到黑猩猩，就做出"捶胸顿足"的动作，殊不知，那是大猩猩激动时的动作，黑猩猩激动时，从无类似的举止，而是垂肩晃臂，节奏也越来越快，最后达到高潮，往往会将脚下的东西随手投掷出去，包括粪便。

真是"人有人言兽有兽语，嘤嘤其鸣求其有声"。每次听珍博士讲座，她总会用黑猩猩的语音跟大家打招呼，我相信，她转达的这种"猩语"，不仅在打动现场听众的效果上屡试不爽，而且在野外真正的黑猩猩面前也能入耳入心，从而弥合我们与自然生灵紧张对立的关系。

人与动物的关系，本非深如鸿沟，因此，本书的第十八章题目恰为"衔接鸿沟"，这一章节作为本书的结论之笔，集中回答了研究黑猩猩的意义。第十九章题为"人类之耻"，则呼唤人类在生态伦理上的反省和反思。通过讲述一个发生在动物园中的黑猩猩与人之间的故事，作为本书全书的结束语，发出了一个振聋发聩的提问："假如一只黑猩猩——尤其还是曾经受到人类虐待的黑猩猩，都能跨越物种的障碍，伸手援救遇难的人类朋友，那么，更具有同情心和理解力的人类，难道就不能伸出援手，协助目前正迫切需要我们帮助的黑猩猩吗？"

猴书到鸟书 科普二十年

　　那是个青葱岁月，我在北京濒危动物中心做猿猴饲养员，从 1987 年作为中国猴饲养专家赴爱尔兰都柏林动物园工作回来，便一直笔耕不辍，伏案青灯，终于在 1994 年我 33 岁的时候，书稿付梓，在科学普及出版社出版了我的处女作《世界猿猴一览》。

　　记得当时有一次去出版社，听这本书的责任编辑胡萍对同事说，今天猴书的作者来了！我都有一种莫名的激动，哇，一名金丝猴饲养员，能被称为"作者"，简直受宠若惊！其实出版第一本书的时候，我还是有很多的不自信，怕撑不起来，请单位领导为本书作序，请长辈的朋友中国农科院的史叔叔帮忙推荐，甚至请时任林业部副部长的董志勇前辈为本书题名。一个名不见经传的毛头小子，自费六千元出书，既是对养猴经历的小结、对手头积攒的国内外资料的梳理，也是人生的一大转折。可以说，正是因为科学普及出版社接受了我的拙作，才给了我继续在科普之路上砥砺前行的信心。

　　转眼二十年过去了，2015 年，我在科学普及出版社（以下简称为科普社）出了第二本书，书名为《鸟瞰》，这是跟科普社杨总多次商议的书名，她起初对我有感而发写的一首诗"假如我是一只鸟"大加赞赏，考虑用这个做书名，我感觉有点长，最终她建议的《鸟瞰》被我欣然接受。想不到，此书乃是我个人撰写出版的第 21 本书了。这些年，从人工到野外，从国内到国外，从动物中心到麋鹿中心，从饲养员到科普教师，多年的与猴共舞、与鹿共舞、与鸟共舞……发生了从写猴到写鸟、从职业到爱好、从作者到作家的嬗变。而从《世界猿猴一览》到《鸟瞰》，好似轮回一般，从科普社又回到科普社，回首二十年，本人也从动物饲养员，转变为科普工作者并被中国科普作家协会授予"有突出贡献的科普作家"的光荣称号。

如果说我那处女作《世界猿猴一览》是一本涉及全球猿猴种类较全面的、强调知识的工具书，毕竟，其中包含"世界灵长类分类系统表""世界猿猴一览表"等业内参考资料；《鸟瞰》则是一部春夏秋冬行走各地、演讲观鸟、博物考察的游记和个性化的自然笔记，其文艺范儿的外表，蕴含与强调的是心境与内修，那些分类学、生态学、地理学等知识性的表达早已融会贯通于追求诗意的散记当中。二十年光阴，一个科普作家的成长经历，似乎从与出版社的交往变化中略见端倪，从送稿到约稿，从爬格子到电子版，从用硫酸纸给动物书画插图到自行拍摄大量鸟兽图片作品，尽管还是需要"齐清定"，但成书水平显然已经驾轻就熟。如今，阅读与写作，已是我的一种不可或缺的生活方式，藏书汗牛充栋，但若想达到著作等身，则需要躺下身，这是我的玩笑话，实际上是"革命尚未成功，同志仍需努力"。

有幸被科普出版社看重，曾于一次书上市前，请我题词，于是我就写了几句，记得当时的感言为：

书籍，是我格物致知的精神食粮；

写作，使我惜物护生的个性张扬。

作者在秦岭佛坪与金丝猴合影

ROBIN | GUO GENG

利用驯化的 保护野生的

　　作为自然保护人士，与动物相伴 30 年，如今我却要正告大家，我不是一名"动物保护"人士，尽管我不杀动物，更不吃任何鸟兽（比很多的动保人士来得更纯粹）；我不是"动物权利"或"动物福利"主义，尽管我尊重动物，家里不关不养任何动物，我不参加放生、不参与宠物救助活动，那你在这个领域混了半天到底是个什么角色呢？我是一名"野生动物保护"者或者干脆说就是一名"自然保护"人士。近来发现，因为概念的混乱，导致理念与观点的混乱，保护与非保护的正反双方动辄打乱仗，东拉牛西扯猴，你说东他说西，各持己见，本来是"理大不在言高"，最后说不定会凭着名头大、嘴头硬，暂居上风呢。

　　2016 年 3 月 18 日在全国人民代表大会参加了一个"野生动物保护法"的修订草案座谈会，与会者不乏高级知识分子，从院士、研究员、教授到官员，可惜，有位官员竟说出野生动物该灭绝就让它灭的话语，那位中药界的院士更是大嘴一张，说什么绿孔雀繁殖了成千数万，我提醒，不是绿孔雀，那是蓝孔雀，他却说，既然蓝的能繁殖，绿的也一样，梅花鹿能繁殖，其他鹿也一样能的蠢话。我发现，会上争论的很多焦点在于，不懂何为野生动物，何为驯化动物。哪个该用能用，哪个不该用不能用？

人类生存在地球上已逾百万年，但大部分时段是采集、小部分时段才开始狩猎，乃至定居下来的农牧，已经是很晚的事情了，驯化动物的历史大约开始于公元前8000年。起初，早期人类对羊、对狗进行驯化，直到公元前2500年对骆驼的驯化，到目前为止，一万多年的时光里，人类对148种包括非洲象在内的陆生动物进行过驯化尝试，虽然候补者众多，但通过实验的大型兽类仅仅不到20种，全部加起来也就60种驯化动物，其他一多半都不合格，无奈地落选了，注定野生，桀骜不驯。本人对植物完全不懂，曾经读过一本《驯化植物学》，被人类尝试驯化的植物就更多了，达7000种，通过的只有1500种。植物的驯化始于人类的采集文明，当狩猎、游牧渐渐转为定居后，便开始热衷于在自然界选择可利用的植物进行栽培试验，以致今天能见到丰富多彩的各色作物。人类上万年对植物的采集多于驯化，每百种植物中，平均一种被采集，而每千种植物中，平均有一种是被驯化，玉米、辣椒、西红柿、白薯等来自南美；小麦等来自中东；大麦、大豆、水稻、苹果、大葱、油菜等源自中国；高粱、咖啡等源自非洲；萝卜源自东亚；而胡萝卜源自英国……人类驯化了7000种植物，相比之下，人类在世界各地驯成的动物就屈指可数了。

人们发现，可驯的动物几乎大多已被驯，不可驯的，我们再有想法，再有欲望，也是枉然。从你熟悉的麻雀、喜鹊宁可寄居你的屋檐，却绝不让你因于樊笼，大有"不自由，毋宁死"的气概；鸳鸯斑马纵然美丽，却从不低下高贵的头去任你役使。有人把人类驯化历史上出现的这个规律称为"安娜原则",为什么呢?这是套用了托尔斯泰《安娜·卡列尼娜》书中的一段名言:"幸福的家庭都是幸福的,不幸的家庭各有各的不幸。"换言之,"可驯化的都被驯化了,不可驯的动物各有各的不可驯的理由",那么,不可驯的理由究竟何在呢?

人类驯化的对象当然是来自大自然,都是野生的动植物,在不断把野生的驯成家养的过程中,走上了从采集、狩猎,向农牧业生产的进化之路,但是,向自然的索取并非为所欲为,对动物驯化的脚步也不完全以人的意志为转移,别以为你驯化了欧洲野马也能驯化亚洲野马;驯化了蓝孔雀还能驯化绿孔雀;驯化了驯鹿还想驯化麋鹿……根本没门!近几百年来,驯化的进程显然慢了下来。在我们对地球的自然资源特别是能源的开发力度与日俱增的同时,可驯化的对象、可驯动物的种类却日趋枯竭,就是养不熟,为什么?

第一,饲料或日粮的供应。饲养动物都讲究效率即成本核算,按食物生物量的转化率来计,最低也在十分之一,即100千克的食肉动物需要有1000千克的食草动物供养,而这1000千克的食草动物,又需要10000千克的谷物来喂养,这才符合生态学上的林格曼定律。那些吃得太多的、挑嘴的、偏食的就不合格,如树袋熊,人见人爱,为什么我们不能大肆繁衍普及饲养呢,就是因为它们的食物很偏,只能靠桉叶为生,甚至只靠几种桉叶过活,故而不能纳入驯化之列;穿山甲,以蚁类为食,你哪弄那么多蚂蚁去?一句话"喂不起"。

第二，生长速度。驯化动物必须具备生长迅速的特质，"肉料比"适当，短时间见效。大猩猩是浑身肉乎乎的，可它的一身肉需要15年才长成，尽管它们是素食，只吃植物，可有谁有耐心喂上15年去吃它们的肉呢。娃娃鱼的生长期很慢，从小到大几十年才长成，谁等得及，一句话"耗不起"。

第三，繁殖条件。有些动物在圈养条件下难于繁殖，如大熊猫、猎豹，都是野外几雄追一雌，漫山遍野，几天下来，才达到发情交配的程度，弹丸之地的樊笼岂能满足；麋鹿需要湿地环境才能成活得很好，这种大种群、大空间的条件，它有可能成为苑囿动物、庄园动物，却不能驯化为圈舍动物、农家动物，一句话"养不起"。

第四，凶险的个性。大型兽类能伤人甚至吃人，熊尽管能吃素，饲养成本不高，长得也不慢，但成年的熊力大性凶，无人可以抵挡，气急败坏的取胆者只得将其囚入铁笼；斑马也曾被纳入驯化视野，套上缰绳拉车，但被斑马咬伤的饲养员比被老虎伤的还多，而且咬住你的手指就不松口，谁还胆敢驯它呢，一句话"惹不起"。

第五，容易受惊。有些野生动物对外界刺激极度敏感，这是它们在野外养成的求生本能，但是，人工条件下，本性难移，一遇惊吓动辄横冲直撞，如一些羚羊，一些鸟类，宁可撞死也不屈服，中国重引入拯救的三项保护动物之一的赛加羚羊就是这样，我曾作为饲养员，眼看着一只只羚羊宁可撞死，也不让人接近，你探头探脑的都不行，一句话"伤不起"。

可见，对各种动物的驯化，要克服的障碍很多，成功者寥寥，不像对植物驯化那么坦然，那么相对顺手一些，所以两个世纪以来，欧美的植物采集探险家——"植物猎人"蜂拥而来采集中国的植物，包括杜鹃、猕猴桃等。出于各种需要，人类驯化了一些动物，使它们从野生变成了家养，从此人类生活发生了质的变化，所谓"动物改变了人类世界"。

以马为核心的游牧民族"逐水草而居"；以牛为核心的农耕民族则蓄养各种动物。

动物的肉、蛋、奶、皮、毛、丝……为人类提供了其生存所需的蛋白质、各种营养及御寒材料。一些动物还促进了维持人类生存所需的植物生产，包括不可或缺的传粉、传播种子、控制害虫等作用。

一万年以来，人类已使一些原来野生的动物丧失了其惧人天性，从狗开始，也有认为从羊开始，我们已成功地驯化了约60种动物。家鸡的祖先源于中国南部、印度北部的原鸡；家兔源于野生的欧洲穴兔；家鸭多源于绿头鸭；狗、马、羊、驼、水牛、鸭鹅来自亚洲；牛、猪、兔来自欧洲；猫、驴、珠鸡来自非洲；驼羊、番鸭、豚鼠、火鸡来自南美……

人类的文明进化与家禽家畜的饲养驯化如影随形，蓝孔雀被印度人视为国鸟；火鸡初被拿到英国时误认为是来自土耳其（Turkey），由此得名；驯养了4000多年的鸽子使鸿雁传书的浪漫成为实际；蜂的驯化则让人类尝到了天赐的甜蜜；海狸、水貂、狐狸等毛皮兽的饲养为人们提供了华丽的裘皮；驯鹿驯鹿，顾名思义，这是一种被驯化了的鹿，也是鹿科动物中唯一真正被驯化了的鹿，麋鹿只能徒劳无功地甘居其后，毕竟麋鹿没有驯鹿拉车驮物拉雪橇的人类劳作助手之作用。驯化历史艰辛而漫长，总

从未被驯化的野生动物——黑熊

从未被驯化的野生动物——斑马

的来说，驯化并非坦途，岂能为所欲为。

　　如今，人类无论从生理到心理，几乎样样离不开动物，但地球上的动物却完全可以不需要人类的照应而栖息。现代渔业曾一度辉煌，特别是在"二战"之后，但年复一年的过度捕捞，不仅使内陆河湖竭泽而渔，汪洋大海同样面临资源枯竭。我们一些人爱拿带鱼是野生动物该不该保护来说事，但是曾经支撑我们一代人的舟山带鱼资源几近枯竭，究其原因，皆因过度消费，未能及早采取休渔措施。为了自身需求的可持续，必须给动植物喘息之机，让其休养生息！

　　在全国人大的发言中，我以"天育物有时，地生财有限，而人之欲无极。以有时有限奉无极之欲，而法度不生其间，则必物暴殄而材乏用亦"这段唐代大诗人白居易的至理名言，来诠释野生动物保护法的颁布理由，我觉得这与可持续发展思想，与生态文明要求异曲同工。

一对青蛙大背小

这是发生在中科院科普演讲团的成员之间的一段趣事。2012 年 6 月份，收到新华社资深记者、我们团的"名记"张继民的一封群发邮件：

各位团友您好：

我与各位团友一道去宁波五龙潭游览，收获之一，便是在五龙潭上方一个水潭边沿石坡上，摄到一只大青蛙背负一只小青蛙。看到青蛙亲子行为及其责任感，十分有趣，特发给大家供欣赏。

顺致祝福

——张继民 2012 年 6 月 11 日

很快，又收到他的另一封邮件，这乃是张继民先生知错就改的第二封邮件：

尊敬的各位团友：

前篇我的关于青蛙背负说词是错误的。经张孚允老师指正，我终于明白：一、它们叫大绿臭蛙（学名 Odorrana livida）；二、两者非母子关系，而是夫妻关系；三、它们正准备交配，我们欲进一步拍摄之际，母蛙（大蛙）跳离，碰到石面上，将公蛙甩出两米多远，然后共同坠潭。下面是张孚允先生发给我的函，就此谢谢张孚允老师。夏安

——张继民 2012 年 6 月 12 日

怎么回事？看了我们团的动物学家张孚允的回复，真相大白了。

老张：

你好！首先祝贺你拍摄到一张非常好的动物照片，此动物是江浙一带常见的大绿臭蛙（学名 Odorrana livida），现在正是交配期。小的是公蛙。雌蛙产卵在溪流石下。仅供参考。

——张孚允 2012 年 6 月 12 日

事不说不清，理不辩不明。张继民知错就改，善莫大焉！毕竟，犯错不可怕，只要善于纠错，就会不断进步和提高，真是：一对青蛙大背小，科普到老学到老。

其实，前不久我在麋鹿苑看到一对交配中的蟾蜍，也是母大公小，母下公上，只是大小比例没有张教授拍到的这对蛙如此悬殊罢了，这也是我没敢贸然提出异议的原因。

大千世界，妙趣无穷，与我们常理相悖的现象时有发生，即使是伟人，也难免失误，恩格斯就有一段曾误解鸭嘴兽而向它道歉的趣闻。

的确有这样一种动物，既是哺乳类，又会生蛋；既像鸟类，又像爬行

类；既能泌乳，却无乳房。什么动物这么怪呢？鸭嘴兽。

当初，一个鸭嘴兽标本被从澳大利亚送到伦敦时，几乎所有有名的英国生物学家都断言，这个标本是由几种不同的动物拼装而成，是一个不可饶恕的恶作剧，恩格斯也不例外，他是伟大的革命导师，又是一位知识渊博的自然科学家，当来人把鸭嘴兽的蛋拿给恩格斯看时，恩格斯哈哈大笑地说：鸭嘴兽既然生蛋，就一定不是哺乳动物，因为哺乳动物都是胎生的。

可惜，恩格斯这一回错了。原来，鸭嘴兽是一种比较原始的单孔目的哺乳动物，它是从爬行动物进化来的，还保留着一些爬行动物的特征。它虽然下蛋，可身上长着密密的绒毛，不是鸟类的羽毛；从蛋里孵出的小鸭嘴兽，是靠妈妈的乳汁长大的，这两点都是哺乳动物的基本特征。

后来，恩格斯认识到自己错了，在1895年给他的朋友康·施米特的信中说："我在曼彻斯特看见过鸭嘴兽的蛋，并且傲慢无知地嘲笑过哺乳动物会下蛋这种愚蠢之见，而现在这却被事实证实了！因此，但愿您不要重蹈覆辙！"他表示要向鸭嘴兽道歉，请鸭嘴兽原谅自己的傲慢和无知。鸭嘴兽帮助恩格斯纠正了"愚蠢之见"，并为世人提供了一个伟人重视科学、实事求是的典型案例。

当然，也有明知自己错了死不改悔的。南美洲有一种猴子叫白鼻僧面猴，但是，根本就不是白鼻子，而是红鼻子，为何起错了名字呢？

原来，在1848年，一只猴子被捕到，制作成了标本，几经周折送到动物学家戴维奥手里时，猴子的皮张标本已经褪去了原来的色彩，戴维奥根据这个标本错误地定了名——白鼻僧面猴，不久，人们再发现活生生的猴子时，才知道这种猴子竟是红鼻子，可是，根据先入为主的定名原则，只得将错就错地沿用下来。这种长着红鼻子的僧面猴，只得永远地受此不"白"之冤了。

中景

瞧！蟾蜍抱对

近景

麋鹿的体育精神及冰雪情缘

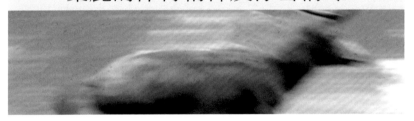

　　2022年冬奥在即，2018年8月8日北京冬奥组委开始面向全球征集吉祥物。冬季奥运会是体育盛会，又需要与冬季元素相关，北京麋鹿作为北京地区最大的国家一级保护动物，在运动特征和视觉形象上恰有密切的鲜明关联，麋鹿陆上跑得快（一般人都追不上），水中游得远（曾有多只麋鹿在1998年发大水期间横渡长江），可谓铁人三项独占两项。雌性麋鹿擅长拳击，雄性在茸角生长期也常常站立起来大施拳脚。麋鹿勇于竞争却从不过度厮杀，表现出强烈的规则意识和体育精神。

　　麋鹿是一种运动全能型的大型偶蹄类动物，从远古走来的麋鹿与人类相依相伴200万年，先秦的逐鹿中原，是一种原始的、公平的角逐，古人没有汽车、没有枪炮，与鹿纯粹在拼体力赛跑，即便有马，也是两种动物——奇蹄目动物和偶蹄目动物的竞技。在我看来，古人的逐鹿中原，完全也可转化为今人的追鹿之旅，当年皇家苑囿的"冬狩"运动，完全可以在南海子广阔的荒野范围加以拓展，形成类似西班牙"奔牛节"式的"奔鹿节"，人追鹿跑，共同健身。冷兵器时代的骑射文化，可以转变为现代的骑车（自行车）、摄影等低碳绿色的所谓新"骑摄文化"。

麋鹿，随同其代表的体育精神，影响力不断扩散，正在走向全国。多年来，我们的保护工作者与鹿共舞、不辱使命，使当年的 38 头麋鹿繁衍成活、种群扩大，现总数已超过千头并输送到了全国 38 个地方，主要是输送到长江之畔的湖北石首自然保护区，还有京津冀多处，顺利地回归了自然，这是北京人、北科人、大兴人，对全国乃至对全世界、全人类的贡献。几届北京市的领导人都曾把麋鹿作为北京的厚礼赠给兄弟省市。现在，麋鹿在全国星罗棋布，北到辽河，南至海南，特别是湖北石首的几百头麋

麋鹿

鹿，都是北京麋鹿的后代。北京冬奥会，展现北京成果并带动京畿之地、燕赵之地的发展，绿水青山正在化作金山银山，所以说，将麋鹿这种北京地区最大的受保护的哺乳动物，作为冬奥吉祥物的备选明星，舍鹿其谁。

冬奥会，需要具备冰天雪地的形象，有人说驯鹿才合适，的确，驯鹿生存于北极圈一带，非冰雪之地不能存活，但麋鹿也早已从东洋界扩散到了古北界，包括北京南郊的麋鹿，在南海子皇家猎苑可谓三朝元老，更早的，秦汉瓦当上就有麋鹿吉祥物形象了。麋鹿的出身不能不说是相当的华贵，先在中国皇家园囿，后到英国公爵庄园，几经坎坷，颠沛流离，如履薄冰，几次濒于绝迹，是活生生的自然文化遗产，形象涉及古今中外，作为冬季奥运吉祥物，毫不逊色。

麋鹿爬冰卧雪的状态虽然很酷，但只是景观环境和麋鹿外观的冰雪形象，而按照明代医圣李时珍的记载"……麋喜沼而属阴，冬至解角"，其冬季的亮点就在脱角，旧去新来，一元复始，古人将其视为新的植物年、新的生产年、新的繁殖季的开始，"茸"光焕发，这个事件该有多精彩?就让我们来一场博物学、物候学、历史学探究的踏雪寻麋冬至之旅吧。

探秘虎豹国家公园

这是一个特别的日子，2017年8月19日午后，我们的越野车在吉林珲春80千米开外的林间小路上疾驰，奔向官道沟村的马滴达保护站，这里，可是中国虎豹出没最频繁的地方，一路上，远山如黛，密树成荫，除了遇见两位荷枪实弹、身着迷彩服的边防军人，再未看到一人一车。坐在副驾位置的高大魁梧的保护局殷书记，曾任这里的林场场长，极为熟悉本地情况，说：这里的村民这两年都不敢养小牛，因为禁不住老虎吃，甚至一位大姑娘也被老虎吃掉了。我们用惊异的目光望着地广人稀的四外，聆听着这东北虎的真实故事，对生态移民有了新的认识。

我过去以为，生态移民都是由于生态环境恶劣诸如"沙进人退"式的被迫迁离，而此地则是由于生态改善，需要"虎进人退"式的主动迁离，目的既在于保虎、更在于护人。

我曾对中国大型猛兽的保护与恢复心灰意冷，因为只有健康的山林才能承载大型动物，特别是处于食物链顶端的大型食肉动物，一只"大猫"一年至少需要捕食50头食草动物、数百平方千米的生境才能维持生存，

大种群的食草动物有赖于大
面积的原始森林栖息，我们
没有大森林，哪来大群的猎
物？没有猎物，虎豹何存？
由于近一个世纪的过度砍
伐，森林衰减、青山凋敝、
鸟兽奔逃、虎豹无踪。所幸，
随着生态文明的推进、天然
林保护工程的实施，各地林
场放下刀斧，停止砍伐，封
存油锯，封山禁猎，森林恢

珲春图们江考察东北虎分布地

复了生机，虎豹终于可以回归东北老家，当然，东北也是我的老家。近乡
情更怯，可人是乡音。赶早不如赶巧，18日参加完西丰"鹿文化"论坛，
就近闻讯而来，怀着对家乡的眷念、对父辈乡愁的寻访，更出于对"国家
公园"的兴趣，走一趟吧，哪怕自费，千载难逢，机不可失。

　　从东北虎国家级自然保护区马滴达保护站那些身穿制服、坚守一线的
保护者的介绍，到图文并茂的保护工作展板和沙盘的演示，尤其是各种野
生动物图片，都是通过设置在林间的红外相机，得到了前所未有的虎、豹、
熊、狐、獾、鹿和野猪青鼬等动物的珍贵图片及影像，甚至拍到棕熊（以
前以为这里只有黑熊），大量的第一手证据，印证了上午在长春南湖宾馆"虎
豹国家公园管理局"成立与揭牌仪式时披露的信息：目前，至少有27只

东北虎和 42 只东北豹生存于此，且为中国虎豹恢复的重要路径和源泉。

记得在 19 日上午的挂牌仪式座谈会上，"中央财办"杨伟民副主任发言，一上来就高度评价了北京师范大学葛剑平副校长（我们认识了很多年，是在政协的场合）为首的科研团队，十年磨一剑，积累了大量翔实的数据，为国家公园的成立，奠定了科学基础。此行珲春，我正好与葛校长的助手冯利民博士同行，一路讨教，受益匪浅。杨主任的最后一席话可谓言简意赅："这是我国第二个挂牌的国家公园，其成立要达到三个满意，人民满意，中央满意，虎豹满意。"

让人民满意、让中央满意，这都听说过，让虎豹也满意，这一说法，令人耳目一新。而"虎豹"究竟为何物？在此稍作介绍。

虎，为食肉目猫科豹属虎种，仅仅分布在亚洲，全球共一种，但有九个亚种，分别是：巴厘虎（1937 年灭绝）、里海虎（1980 年灭绝）、爪哇虎（1988 年灭绝）、东北虎、华南虎、印支虎、马来虎、苏门虎、孟加拉虎。

豹，为食肉目猫科豹属豹种，全球广泛分布，共一种，也有九个亚种，分别是：东北豹、华北豹、印支豹、爪哇豹、斯里兰卡豹、印度豹、波斯豹、阿拉伯豹、非洲豹。

其中东北豹、阿拉伯豹、爪哇豹被列入极危种，波斯豹、斯里兰卡豹被列入濒危种。

虎豹国家公园得以"横空出世"，可以说是顺应了天时、地利、人和的三大条件。

一、地利

在没有红外自拍技术之前，想在野外得到动物影像，就像大海捞针，难于得手，尤其是猫科动物，十分机警，印度有一句名言"当你看见老虎一眼的时候，老虎已经看见你一百眼了"。保护区与北京师范大学研究团队在珲春虎豹出没的山林布设了上千台红外自拍相机，对这里的虎豹进行摸底调查，经过多年来对虎豹数量的"普查"，从而得知，在中俄交界处，至少共生存着 35 只东北虎、70 只东北豹，超出了资源承载力的 3 倍，因而以民盟中央（葛校长恰为民盟中央副主席）的名义呼吁，实施"中国野生虎豹恢复与保护生态工程"并尽快将虎豹保护上升为国家战略。

在外行的眼中，每只虎与每只虎，不都是一样的斑斓猛虎吗？每只豹与每只豹，不都是花色斑驳的金钱豹吗？怎么就知道谁是谁呢？此行珲春，经保护站的同志介绍才豁然开朗，原来，每只虎、每只豹的花纹都不一样，只要将拍摄的图片取其身上同样位置和大小的三角格，一比对，就看出了差异，然后分别编上号，由此，辨认出了珲春分布的 27 只不同个体的老虎。以科学为利器，开展摸底调查，收获地利。

二、天时

生态无国界，保护有契机。在珲春中俄边界，其实也是中朝边界，有一个高大的"望海阁"，登临遥望，一眼看三国，图们江对岸是朝鲜，而与俄罗斯只是界山相隔，任何野生动物都可以"免签""免护照"随意地来回溜达。珲春望去，绿海无垠，那是俄罗斯的"豹地国家公园"（Leopard's Land National Park），在这个呈倒三角的 4000 平方千米的狭长地带，东面是大海，北面是兴凯湖，其虎豹数量已呈饱和，生态容纳量接近极限，却无法向俄罗斯扩散，唯一的通道就是中国，天赐良机啊。我们如能减少人为影响，让虎豹向长白山、小兴安岭扩散，则"大猫"回家，恰逢其时。在挂牌仪式上，国家林业局张建龙局长着重强调，决不允许偷猎和下套老虎的事件再次发生。这边生态改善了，空出生态空间，那边虎豹太多了，种群膨胀，可向中国扩散，恰为天时。

黑山白水，王者归来，万事俱备，只欠东风。如果说，虎豹研究科研助力、种群饱和亟待扩散，是地利和天时，那么，我国大力实施生态文明的治国理政新战略就是人和！

三、人和

目前，我国政通人和、绿色发展的大好局面已经形成、美丽中国的和谐画卷已经展现。

2013 年 11 月，党的十八届三中全会就提出"划定生态保护红线、坚定不移地实施主体功能区制度，建立国家公园体制"。

2015 年的两会上，习近平同志在吉林代表团的审议期间，特意问到了东北虎的情况。

2016 年 1 月 26 日，习近平同志针对国家公园的建设，做出了高屋建瓴的指示"要着力建设国家公园，保护自然生态系统的原真性和完整性，给子孙后代留下一些自然遗产，要整合建立国家公园，更好地保护珍稀濒危动物"。

2017 年 7 月 19 日习近平在中央深化改革领导小组第 37 次会议上强

调："建立国家公园体制，要在总结试点经验的基础上，坚持生态保护第一、国家代表性、全民公益性的国家公园理念，坚持山水林田湖草是一个生命共同体。"

目前，我国的国家公园建设方兴未艾，九个试点的国家公园正处在如火如荼地推进中。它们是"三江源（第一个挂牌）、东北虎豹（第二个挂牌）、大熊猫、神农架、武夷山、钱江源、湖南南山、北京长城、云南香格里拉普达措"国家公园。

其中此行探访的"东北虎豹"，我虽管中窥豹，蜻蜓点水，但也感触颇深，生态文明，鸟兽和谐，美丽中国，大有希望。2016 年 12 月 5 日中央"深化改革领导小组"审议通过"东北虎豹国家公园"。作为试点，2018 年完成 80% 以上的国有自然资源确权登记，2020 年完成国家公园建设，完善运行机制，正式设立"东北虎豹国家公园"，在吉林与黑龙江两省交界的老爷岭南部（珲春、汪清、东宁、绥阳一线）的区域，总面积在 146.12 万公顷。时空布局，一挥而就。不入虎穴，焉得感受。大猫归来，虎啸豹腾，国家公园，惠及众生。

2022 年北京冬奥吉祥物 十大理由选麋鹿

从"绿色奥运及共享、开放、廉洁"的视角，考虑地域特色并与国际接轨，北京 – 张家口的冬奥会亦应有自己的动物吉祥物，一些国内外专家提出冬季奥运会吉祥物，非麋鹿莫属。因为，能代表北京地区的大型哺乳动物的，麋鹿最为典型。

一、从科学史的角度

北京南海子，作为麋鹿这一大型哺乳动物的模式种产地（1865 年），在科学史上的非凡地位是举世公认、无可取代的。麋鹿被法国的阿芒戴维从北京发现之后，西方国家纷纷引种，但没过多久，由于洪水和战乱，世界动物史上又增加了一个新的纪录：麋鹿在中国本土发生灭绝（1900 年），灭绝事件的发生地还是北京。将近一个世纪以后，麋鹿才作为归国"华侨"（1985 年），成功地从英国引回故里——北京南海子。从一个物种的科学发现，到在中国本土发生灭绝，再到"重引入"（Re-introduction），其间历尽劫波，最终实现了回归，纵观世界上的各种动物，一个物种与一个地点有如此紧密的关系，非北京的麋鹿莫属，作为中国特有种的麋鹿，堪称世界科学史上、物种史上的一个奇迹。麋鹿作为冬季奥运的吉祥物，从科学和自然的角度看，无可非议。

二、从传统文化的角度

麋鹿即俗称的"四不像"，在中国传统文化和历史民俗中可谓精彩纷呈，源远流长，极具雕塑感、仪式感。从春秋战国的灵台、灵囿至元、明、清三朝京南的皇家猎苑，古人对麋鹿的记述不绝于书，屈原、班固、许慎、杜甫、沈括、苏轼、陆游、李时珍、乾隆……曾提及麋鹿的古代名人不胜枚举，甚至姜子牙的坐骑、指鹿为马、逐鹿中原的典故皆与麋鹿有关。鹿这种动物对中国文化的影响之深，令人难以想象。它不仅是先人狩猎的对象，是宗教仪式中的重要祭物，从周朝至清朝始终作为皇权的象征，还作为生命力旺盛（鹿角年落年生、生长神速）的标志和升迁祥和的吉兆（福禄寿喜）。麋鹿的文化形象可见于甲骨文、青铜器、原始岩画、民间绘画、建筑瓦当（汉代）、宫廷遗物（清乾隆的麋角解说）、特种邮票、港澳回归的明信片……麋鹿作为冬季奥运吉祥物，文化底蕴是深厚的。

三、从爱国主义的角度

"百年前宁静的一个夜,四面楚歌是姑息的剑"。当年麋鹿因清廷衰败，国门洞开，八国联军侵入北京，烧杀抢掠，而毁于一旦，只有少量麋鹿寄身国外，近一个世纪作为中国的特有物种，却在本国看不到了。20世纪80年代，随着祖国的日益强大，北京市政府和国家环保局在1985年果断实施了麋鹿的回归，可以说，有了国家兴，才有麋鹿兴。如今，麋鹿作为归国"华侨"，已"鹿丁"旺盛、欣欣向荣，麋鹿还家已作为爱国主义教育的活生生的教材，纳入了中学课本。它作为冬季奥运吉祥物，是国家的、民族的荣耀。麋鹿的中国故事有利于振奋民族精神，凝聚海内外中华儿女为实现中华民族伟大复兴而奋斗，实现中国梦，并向世界展示我国自然保护生态文明绿色发展的成果。

四、从国际合作的角度

麋鹿这个物种的兴衰，之所以能牵动许多国际人士的心，是因为它在近代史上与法国人、英国人都有着不可割裂的关系。早在 1865 年，先是法国博物学家戴维神甫率先对麋鹿予以科学报道的；麋鹿曾因战乱在故土绝灭，在流离并几乎要灭绝于欧洲时，是英国乌邦寺的贝福特公爵深明大义，收养了世界上仅存的 18 头麋鹿于伦敦附近的乌邦寺；1985 年又是乌邦寺的塔维斯托克侯爵慨然将麋鹿送还给中国。可以说，英国是麋鹿的第二故乡。有人认为麋鹿还乡是中国在国际上地位提高或外交上的成功。的确，英国前首相撒切尔夫人在伦敦举行的一个欢迎中国领导人访英的宴会上致辞，她把麋鹿的回归与香港回归同列为 20 世纪中英外交史上的大事。可见，麋鹿还家堪为中英外交关系上的一段佳话。麋鹿回归超过三十载，从初期的外国专家的驻守，得到一些国际组织的支持，以及每年都有国际友人的造访，说明麋鹿始终受到世人瞩目。从国际合作角度看，麋鹿作为冬季奥运吉祥物，独一无二。

五、从拯救濒危物种的角度

首先麋鹿本身是国家一级保护动物，而作为自然保护者，我们实施的就是一项国际合作的濒危物种的"重引入" 拯救项目，北京不仅是中国最早实施麋鹿"重引入"项目的地点，而且被国际保护人士赞誉为"世界上最准确的重引入项目"。可以说，继北京南海子之后，江苏大丰、湖北石首的麋鹿自然保护区的相继建立，使中国麋鹿已达 7000 头，我们中国历史上曾发生的麋鹿灭绝惨剧将不会再发生，圆满的结局，世界瞩目的成果，使之成为中国屈指可数的成功实施重引入的拯救项目，也是中国政府有效保护野生动物的成功范例。麋鹿作为冬季奥运会吉祥物，是我国环保和生物多样性保护成就的真实体现。

六、从科普教育的角度

麋鹿曾是我国的特有物种，因环境变迁和国运兴衰而流离失所，又因国运的复兴，环境的改善失而复得，真是悲剧中的喜剧，不幸中的万幸。我们已从麋鹿的灭绝事件入手，以生物多样性警示教育手段，创建了一系列的户外教育项目，特别是灭绝动物公墓，麋鹿本身亦被我们视为活的自然文化遗产和环境教育资源。

七、从生态恢复的角度

北京南海子的得名，是由于其位置在北京之南，汪洋成海的湿地。的确，历史上这里的生态类型属于东北亚温带季风带的典型的湿地，故清代就有"落雁远惊云外浦，飞鹰欲下水边台"的生动描述。明代的燕京十景中，这里还是其中的一景："南囿秋风"。遗憾的是，这些年的过度开发和环境压力，使当年数百平方千米的海子湿地几乎干涸殆尽，幸而有北京市政府和国家环保局支持的麋鹿的保护项目——千亩麋鹿苑的存在，使这里成为当年皇家猎苑湿地景观的唯一再现。这不是动物园但能看到很多动物……

2003年北京市开始实施北京地区湿地恢复项目，南海子湿地也被列入其中。湿地被喻为地球之肾，作为京南难得的一块湿地，若将麋鹿作为冬季奥运吉祥物，让麋鹿这个"旗舰物种"带动生态复兴，发挥"绿肾"功能，必将成为北京乃至中国生态恢复的一张名片。成为西山永定河文化带上的一颗明珠，在发挥品牌优势上，体现"绿水青山就是金山银山"的价值理念。

八、麋鹿的体育精神

麋鹿陆上跑得快，水中游得远，铁人三项独占两项，勇于竞争却从不过度厮杀，表现出强烈的体育精神。是一种全能型的大型哺乳动物，与人类从远古走来，200万年，相依相伴。古人的"逐鹿中原"，可以成为今人的追鹿之旅，当年皇家苑囿的"冬狩"运动，完全可以在南海子广阔的荒野范围加以拓展，形成类似西班牙"奔牛节"的"奔鹿节"。冷兵器的骑射文化，可以转化为现代的骑车、摄影等低碳绿色的新"骑摄文化"。

九、从首都卓越贡献的角度

多年来，我们的保护工作者与鹿共舞、不辱使命，使当年的38头麋鹿繁衍成活、种群扩大，现总数已超过千头并输送到了全国38个地方，主要是输送到长江之畔的湖北石首自然保护区，还有京津冀多处，让更多的麋鹿顺利地回归了自然，这也是北京人对全国乃至全世界、全人类的贡献。几届北京市的领导人都把麋鹿作为北京的厚礼赠给兄弟省市。现在在湖北石首的近千头麋鹿，或是北京输送过去的，或为北京麋鹿的后代。北京冬奥会，展现北京成果，带动河北发展，将麋鹿这个北京地区最大的受保护的哺乳动物，作为冬奥吉祥物，舍鹿其谁。

北京奥运火炬手　　　　　　　　　　　北京冬奥推荐吉祥物——麋鹿

　　麋鹿保护项目的实施地位于京南距天安门 16 千米处的大兴区，从 1985 年至今，该保护项目已度过 33 个春秋，近几年大兴新城发展迅猛，新的国际机场建设在即，但麋鹿的项目是独特的、唯一的、可圈可点的，形象上堪称国门重器，其自然保护的公益品牌优势有待于转化，转化为环保形象的政治资源优势，特别是利用冬奥吉祥物的有利时机，引起国内外的、全社会的更大关注。

十、从外观形态角度

　　历届奥运会，大多是将吉祥物定位于动物形象。全世界有 5000 余种哺乳动物，能集多项"世界之最"于一身的恐怕不会太多，而精彩非凡卓越的麋鹿以其奇异形态、习性及坎坷的经历引人瞩目，它身上有许多多多的奇、特、最。从汉代的瓦当上，我们就能看到古人对麋鹿形象的偏爱：

ROBIN | GUO GENG

其雄浑古朴的躯体，昂扬向上的巨角，刚柔并济的性情，既具备阳刚之气，又不乏阴柔之美。作为国家一级保护动物，又曾被列为国际濒危动物种红皮书中的"极危级"。鲜活的形象和鲜明的代表性，出身华贵，先在中国皇家，后到公爵庄园，活生生的自然文化遗产，形象涉及古今中外，作为冬季奥运会吉祥物，毫不逊色。

中国最早的几家博物馆探源

一、博物馆，谁最早？

国内最早的博物馆到底是哪家呢？作为国人创建之博物馆，当然是晚清状元张謇首创于 1905 年的南通博物苑，这是中国第一家公共博物馆。但博物馆在中国是"舶来品"，多是由西方传教士兴建的，到底哪个最早，作为一个博物馆人士，倒是近年我所关注的话题。2017 年 7 月本人有幸到青州，见到一所由英国传教士怀恩光于 1879 年建立的基督教堂，在教堂门口，我拍下了说明牌，上面是这样写的："……其中建于 1887 年的博物堂，为国内最早的西洋博物馆。"这几个字，当时就引起了我的注意甚至疑问，作为博物馆，没问题！但这在我国是最早的吗？据我所知，京、津、沪三地的博物馆，不仅历史比较久远，而且还有一个有趣的现象，就是都由法国传教士所创建。到底英国人建得早，还是法国人建得早？这个颇有几分"国际争议"的趣事，实在是有待考证。

1868 年上海震旦博物馆的前身为韩德禄博物馆，创建者为法国人韩德禄神甫；这家博物馆比英国人在山东青州的博物堂要早了 19 年，但还不是最早的，请看北京的这家……

　　1914 年天津北疆博物院建立，创始人是法国人桑志华神甫。

二、北京博物馆探源

　　1862 年，位于北京西安门蚕池口即天主教北堂的百鸟堂建立，尽管没有博物馆博物堂一类的名字，但其性质就是博物馆，特别是创建者本身就是个博物学家（熊猫、麋鹿、珙桐等物种的科学发现者法国传教士阿芒戴维），这里藏品丰富，鸟兽数百件、昆虫则数以千计，当然就是一座博物馆，北京的这座博物馆尽管出现得很早，且被戴维神甫经营了近 10 年，但"人走茶凉"，随着戴维神甫福建考察后因病回国，加上北堂的拆建，百鸟堂的标本都转入了大清朝廷的奉宸苑总库，以后，渐渐下落不明，这个博物馆便湮没并消失在了历史的尘埃中。

　　如今，比较清晰的是，天津自然博物馆的前身为北疆博物院；上海自然博物馆的前身为徐家汇博物馆；震旦博物院即韩德禄博物院；但北京的百鸟堂，则与现在的北京自然博物馆没有什么渊源关系，那么，这座曾出现于北京历史上的"百鸟堂"，能不能算是一座博物馆呢？博物馆在功能上要具备收藏、展示、研究和向公众开放甚至科普娱乐的要素，北京的这座百鸟堂据说曾经轰动一时、门庭若市、远近传闻、争来游赏。据北京救世堂的樊国梁主教在其《燕京开教略》中的记载，百鸟堂作为一家博物馆之规模之品质之盛况，可见一斑："有达味德者（David）邃于博物之学，抵华后，遍游名山大川，收聚各种花卉鸟兽等物，以备格致，即于北堂创建博物馆一所。内储奇禽计八百多种，虫豸蝶计三千余种，异兽若干种，植物金石之类，不计其数，毕博物家罕见者。馆开后，王公巨卿，率带眷属，日来玩赏者，随肩结辙，不久名传宫禁，有言皇太后亦曾微服来观者。"

至于这座博物馆的规模到底有多大，藏品有多少，我们可以通过中国第一历史档案馆保存的清代奉宸苑档案的北堂移交清册详见分晓：共十四架、2474件标本，包括飞禽走兽、虫介蝴蝶、螺蛳等海中珍奇、虎象熊骨、鸟卵虫蛇、兽角……

另据郭卫东的《近代外国在华文化机构综录》所记载"法国传教士素以喜建博物馆为特色，戴维神甫除将收集的大量标本带回国外，还在北堂设立了一个博物馆（亦名百鸟堂），陈列各种珍禽800余种"。我是一个观鸟爱好者，十余年所见之鸟不过二三百种，我国全部的鸟种也就1300种，一个半世纪前，一个在华的法国人，不远万里来到中国，竟能收集鸟类达800种之多，也足令人惊叹了。

戴维在华的考察之旅

三、上海博物馆探源

徐家汇博物院由法籍耶稣会会士韩伯禄（Pierre Heude），于 1868 年即清同治七年创立，是上海最早的博物馆。地址在上海徐家汇，属于法国耶稣会在上海举办的文化事业。原址在今漕溪北路 240 号。韩德禄比戴维神甫晚来华几年，民国二十年，他搜集的大批动植物标本，连同土山湾孤儿院存贮的中国古物 3500 件，全部移至吕班路（今重庆南路）新建的一座博物院内，即今天的中国科学院昆虫研究所。1883 年在徐家汇总院之南建筑院舍，主要收藏动植物标本。每日午后准人参观，不收费，发业务入场券。入门后须投名片，即有人招待参观。

1869–1884 年期间，韩伯禄在长江下游、长江中游、汉水流域、淮河流域收集了大量的鱼类、甲壳类、蛇类、鸟类及兽类标本。发表过《南京地区河产贝类志》，还有后来的法文作品《江苏植物采集》《中国帝国博物纪要》等，韩德禄将自己收集的标本连同其他传教士赠予的标本、书籍资料等都集中在一起，放在设于徐家汇的博物馆中直至终老于沪。他死后，这座博物馆便被命名为韩德禄博物馆，之后并入震旦大学，成为法国人研究中国动植物的重要机构。利用韩德禄留下的这些刊物，在华的外国人方便了互通信息，交流成果，早期的博物馆俨然成为西方人研究中国生物资源的前沿阵地，同时起到标本储藏和中转的作用。这家博物院在徐家汇时代，中文名是"徐家汇博物院"，英文名"Museum of Natural History"。1930 年由于旧院舍不敷应用，在震旦大学内另建新院舍，并由学院管理。其名称改为法文"Musee Heude"，以纪念韩德禄。中文为"震旦博物院"，震旦博物院于1933年冬正式开幕，每天下午开放，门票为国币二十分，另有标本供学者研究。每年来院研究的各国科学家很多。该院还经常选择标本中有特色者，分寄世界各处，以供专家考定。成立于1956年的上海自然博物馆，其前身即为1868年创建的震旦博物院和建于1874年的亚洲文会。一直以来，上海自然博物馆因其拥有百年以上的收藏历史而显得弥足珍贵。

四、天津博物馆探源

众所公认，北疆博物院是中国北方地区创建最早的博物馆，也是中国建立时间最早的博物馆之一，北疆博物院（Musee Hoangho Paiho）是由在天津传教的法国人桑志华（E.licent）于1914年创立，作为博物馆前辈，他对古生物和人类学的兴趣更为强烈。天津耶稣会赞助桑志华搜集了大量地质、岩矿、古生物和动植物等方面的标本和化石并储存在天津耶稣会修会账房崇德堂内，后来标本逐渐地充斥了崇德堂的各个房间和地下室。因此，桑志华向耶稣会提出创建博物院的要求。1922年，在法国天主教会和天津法租界行政当局的支持下，合并考虑桑志华的建议，决定修建博物院，以解决标本收藏的难题。桑志华在马场道南侧盖起了一座占地300平方米，高21米的三层楼房，取名为"MUSEE HOANGHO PAIHO"，即"黄河白河博物馆"，后因藏品来源的拓展，定名为北疆博物院。

19世纪20年代，桑志华曾长期深入黄河流域田野考察收集标本。1922–1923年，桑志华与法国地质学家德日进在河套地区进行野外作业中，发现了"河套人"门齿（德日进还参加了著名的周口店北京人牙骨的鉴定工作）。他还分别在宁夏灵武的水洞沟、内蒙古乌审旗的大沟湾、陕西榆林的油房头发现三处旧石器时期的人类遗址，大批的发现于鄂尔多斯等西北地区的古人类学标本被他源源不断送回法国。在北疆博物馆，他还雇用了一批学者，研究领域涉及昆虫、两栖、爬行、鸟类、兽类及植物等生物。在北疆博物院陈列馆建成之前，桑志华将一些珍贵的植物标本，包括第四纪古生物化石赠给巴黎博物馆、英国皇家植物园和伦敦自然历史博物馆，这些标本现在仍保存在这些博物馆中，也使欧洲人从这些展品中了解到了东方的地质和植被，还激发了法、俄、瑞典、比、奥等国的专家学者来华考察的愿望，他们与桑志华共同进行标本的收集、研究和整理分类工作。

博物院由桑志华任院长，德日进任副院长，在他俩的努力下，博物院得到了迅速的发展，特别是各种标本日益增多。1928 年 5 月，天津北疆博物院陈列馆正式向公众开放。1928 年，南开大学的沈士骏教授在参观北疆博物院之后，写了一篇游记，叙述他的观感："北疆博物院可算是在天津唯一值得赞评的博物馆了。它的特色，就是该院法国教士桑志华历年在华北搜求的成绩，尤其是有史前人类的石器和河套以南榆林以北的老石器搜罗最富，足以傲视首屈一指的北京地质调查局了。凡是要看中国已知最古的石器，不可不到北疆博物院一饱眼福。" 日本侵略时期，桑志华从天津返回法国，北疆博物院也基本停止了搜集、采掘与研究工作。1939年，天津遭受水灾，北疆博物院的一部分藏品迁到北京法国使馆附近新建的博物院内。1952 年，天津市人民政府接收北疆博物院，并更名为天津人民科学馆。1957 年更名为天津自然博物馆。

五、馆际之交

有趣的是，这些在华的传教士，尽管建馆有南有北，但是，人的足迹却不限大江南北，他们不远千里，不止一次地进行过交流和切磋。戴维神甫曾于 1868 年 6 月前往上海访问耶稣会教堂，与韩德禄神甫会晤。随后的一年，徐家汇博物馆（Sikowei Museum）成立。这是继利玛窦、汤若望诸位神甫之后，继往开来，在华开展的博物学实践，而建立博物馆则被传教士认为是接近华人最有效的方式之一。1872 年 3 月戴维从法抵华，途经上海，韩德禄请他参观了已经建成的徐家汇博物馆，6 月份戴维回到北京的北堂继续整理他的标本。10 月，就又开始了他的田野考察，这是他在华的第三次考察之旅，戴维南下河北、河南、陕西，再从汉中南下，1873 年 5 月沿汉口、九江、庐山到南昌，端午节到了抚州，当地教会人士告诉他，两天之前，上海的韩德禄刚刚来过，韩神甫得知你要来，还说"他先梳理过的地方，后来的必将空手而归"。戴维笑道，他是骑马坐轿，我是徒步踏勘，怎能一样？可见，戴维神甫的博物学之旅之所以屡有收获，就是因为他的足迹更深入，与万物更接近，这恰恰印证了那句话："如果爱得深，万物都会向你倾诉。"

六、发现之旅

戴维、桑志华、韩德禄几位神甫只是众多来华法国人中的几位佼佼者，而诸多法国传教士也只是西方众多来华探险家的一小部分。当年，他们为什么如此地不远万里趋之若鹜来到中国呢？难道就是为了传教或者挣钱吗？传教只是他们的部分理由或者名义上的理由，更大的魅力在于自然，在于发现生物新物种，在于对博物之美的追求。

中国幅员辽阔，生境多样，生物资源丰富而独特。白垩纪以来，我国的陆地多未遭受海侵，第三纪之前气候温暖湿润，成为许多古老物种的避难所。第四纪冰川对欧美影响很大，却由于地形原因，对我国影响很小，许多老物种得以幸存，使我国成为世界上生物多样性最丰富的国家之一。尽管面积与大洋彼岸的美国相仿，但因气候与地貌的复杂多样，造就了生物物种的多样与丰富。我国有植物三万多种，占世界的 10%。起源古老，不少是孑遗物种、特有物种。我国有脊椎动物六千多种，兽类五百多种，占世界 10%；鸟类 1300 种，占世界 13%；两栖类 270 种，占世界 6%；爬行类 380 种，占世界 7%；鱼类 3200 种，占世界 17%……山高谷深，人迹罕至，故而保存下丰富的物种，或为很多物种的起源、分化和繁育中心。"从 16 世纪起，中国就一直是西方博物学家注重和期待的得到新奇物种的地方""是植物的天堂""是驯化、栽培动植物的历史悠久之国度""是花鸟鱼虫、园林植物资源之富矿"。当西方人在海外寻求资源，寻找市场时，发现中国是"生物学家收集标本的福地，博物学家畅游考察的天堂，是生物学的奇异之地，是寻求动植物的理想之地"。

法国人一边传教一边考察，在试图把其信仰灌输给中国大众的同时，顺便在中国确立了立足之地，戴维去内蒙古包头、去四川宝兴、去福建挂墩的三次旅行，无一不是受到了当地教会人士的引导和帮助的，在这方面，其他国家的传教士几乎望尘莫及。

尽管这些地理发现者、科学考察者带有政治、信仰、军事、商业等的目的，但对博物学的热衷，对自身价值和学术的追求，也是其不懈前行的动力之一。伴随地理大发现和物种大发现的热潮，博物馆既是科技发达的产物，也是当时的曲线传教的手段，在中西文明碰撞初期，时不时会发生灭教行为，在捣毁教堂、驱逐神甫的情况下，博物活动不失为一种折中的考量，事实上，每当教士被大批驱逐，教士中的科学家常常被网开一面留下继续任用。博物学的存在，从某种意义上可以起到化解华人对洋人偏见的作用。当然，老外惦记中国的生物，都是出于本国的利益，但对我国的自然保护思潮的启蒙还是有一定的积极影响。西学东渐，开启民智，西方传教士与博物学的进入，更带动和刺激了一大批中国的仁人志士西去求学，发愤图强，由此，对我国的科技发展产生不小的影响。我国动物学前辈秉志的一番话，可谓意味深长，恰可作为本文的一个注脚和结语：

"缘吾国地大物博，生物多具地方性，引诱学者多趋于此途，且易得新颖之贡献也。他国之学者，美吾国生物种类之繁富。不远万里而来，梯山班海，沙渡绳行，糜巨资，冒万险，汗漫岁月，以求新奇之品汇，增益学者之见闻，籍以促斯学之进步，他国人士犹如此，况吾国之专家，生于斯长于斯，目睹本国之品汇，有极大之研究之价值，有不动心者乎？""吾国坐拥广大之利，而不能利用……毋及可惜乎，故国人宜急起直追。"

本人作为北京麋鹿苑博物馆的副馆长，与猴共舞、与鹿共舞、与鸟共舞，三十年如一日，感谢政协刊物《北京观察》之不弃，作为三届老委员，更作为博物馆人，传道授业，走笔修文，格物而致知，温故而知新，志趣使然，责任所在。

知难行易说素食

在中国国民党革命委员会 2017 版章程的总纲中，强调继承和发扬孙中山爱国、革命、不断进步精神这一民革优良传统和基本特色，在加强自身建设部分，又重申了这句话。世纪伟人孙中山先生，不仅是一位继往开来的革命家，还是一位著述颇丰的理论家，《建国方略》便是他呕心沥血的代表作。偶曾翻阅中山文集，才知道，实际上《建国方略》是由《孙文学说》《实业计划》和《民权初步》三部著作组成，其中建国方略之一的"心理建设"，即《孙文学说》，完稿于 1919 年 4 月，是一部论证知行关系、批驳"知之非难，行之维艰"之说的哲学著作，但其中摆事实，讲道理，不厌其烦地列举了饮食、用钱、作文、建屋、造船、筑城、开河、电学、化学、进化十件事，实在出乎我的意料。通篇看似古文，却抑扬顿挫，风格典雅，读来令人十分受用。

近来因食素并在一些大学做这方面的讲座，我对素食理论比较关注，并深切感到，本人实践素食并不难，难的是如何教大家抛弃积习，接受这个"利国、利民、利生、利天"的理念，真所谓知难行易呀。蓦然发现，中山先生也是素食者，他在《建国方略》中，对饮食，包括对素食，竟有如此高妙精辟的论述，实在使人喜出望外。

关于饮食这一章的题目为"以饮食为证"，中山先生首先强调了饮食的广泛性、重要性、天然性："夫饮食者，至寻常、至易行之事也，亦人生至重要之事，而不可一日或缺者也，凡一切人类物类皆能行之，婴儿一出母胎则能之，雏鸡一脱蛋壳则能之，无待于教者也。"寥寥数语指出了"民以食为天"的通俗道理。

而后，笔锋一转，提醒大家注意了："然吾人试以饮食一事，反躬自问，究能知其底蕴者乎？"是啊，吃，谁不知道，但能把吃的道理说得明明白白吗？恐怕不能。"不独普通一般人不能知之，即近代之科学已大有发明，而专门之生理学家、医药学家、卫生学家、物理家、化学家，有专心致志以研究于饮食一道者，至今已数百年来，亦尚未能穷其究竟者也。"中山先生感叹道。关于吃的学问，连那些现代的饮食专家都未必能超越呀。什么学问呢？可从正反两方面阐述。

作者缅怀伟人孙中山

一方面，中山先生说，"我中国近代文明进化，事事皆落人之后，惟饮食一道之进步，至今尚为文明各国所不及。中国所发明之食物，固大盛于欧美，而中国烹调法之精良，又非欧美所可并驾。"是的，国人善做会吃，食不厌细，美味佳肴，欧美人只能望其项背，可这恐怕没什么可自豪的吧。

另一方面，中山先生终于说到我国独到的素食："夫中国之发明，如古所称之八珍，非日用寻常所需，固无论亦；即如日常寻常之品，如金针、木耳、豆腐、豆芽等品，实素食之良者，而欧美各国并不知其为食品者也。"这才是作为几千年文明古国的可以引以为荣的食文化。

当然，接下来，中山先生还列举中国人吃动物内脏，而西方人不吃；中国人吃被西方人鄙视的猪血，实际是含铁丰富的物美价廉的补品，云云。

"……种种食物，中国自古有之，而西人所未知者，不可胜数也。如鱼翅燕窝，中国人以为上品，而西人见华人食之，以为奇怪之事也。"在这里，中山先生未必具备保护动物的现代意识，却着实道出了中西方饮食习惯的巨大差异。"夫悦目之画，悦耳之音，皆为美术，而悦口之味，何独不然？是烹调者，美术之一道也。"

为什么很多美好的东西大家能共享，唯独美味，得不到共识，关键是烹调，下面，中山先生关于烹调与文明关系的描述，可谓妙趣横生：

"西国烹调之术，莫善于法国，而西国文明，亦莫高于法国。是烹调之术，本于文明而生，非深孕乎文明之种族，则辨味不精，辨味不精则烹调之术不妙。中国烹调之术之妙，亦足表文明进化之深也。昔者中西未通市以前，西人只知烹调一道，法国为世界之冠；及一尝中国之味，莫不以中国为冠亦。"看来，中国的食文化在世界的美食中，独占鳌头，的确是值得称道的。

接下来，就是中山先生为我们介绍的一段关于酱油的趣闻："近年华侨所到之处，则中国饮食之风盛传。在美国纽约一城，中国菜馆多至数百家，凡美国城市，几无一处无中国菜馆者。美人之嗜中国味者，举国若狂，逐至令土人之操同业者大生嫉妒，于是造出谣言，谓中国人所用之酱油，含有毒素，伤害卫生，致市政厅有议禁止华人用酱油之事。后经医学卫生家严为考验，所得结果，即酱油不独不含毒素，且多含肉精，其质与牛肉汁无异，于是禁令乃止。"我虽然不吃肉，但对中山先生的这段描述，亦是额手称快。在此，早期华侨忍辱负重之创业艰难，可见一斑。那么，中餐之美仅仅在于烹调术的高明吗？岂止。

"中国不独食品发明之多，烹调方法之美，为各国所不及；而中国人之饮食习尚，暗合于科学卫生，尤为各国一般人所望尘不及也。中国常人所饮者为清茶，所食者为淡饭，而加以菜蔬豆腐，此等之食料，为今日卫生家所考得为最有益于养生者也；故中国穷乡僻壤之人，饮食不及酒肉者常多上寿。又中国人口之繁昌，与乎中国人拒疾疫之力常大者，亦未尝非饮食之暗合卫生有以致之也。"

读罢这段文字，我对老祖宗倡导的清茶淡饭的饮食方式更加奉若神明，食素，多寿而少病，省钱且护生，何乐而不为？"鱼生火，肉生痰，白菜豆腐保平安"，这话本来就很有哲理，按孙先生所评，还暗合于科学道理。进一步，中山先生宏图一展："倘能再从科学卫生上再做工夫，以求其知，而改良进步，则中国人种之强，必更驾乎今日也。"烹饪方式上应少一些"煎炒烹炸"，多一些"蒸煮炖焖"。

还是回到素食，中山先生更具体阐述道："西人之倡素食者，本于科学卫生之知识，以求延年益寿之工夫，然其素食之品，无中国之美备，其调味之方，无中国之精巧，故其热心素食家，多有太过于菜蔬之食，而致滋养之不足，反致伤生者，如此，则素食之风断难普遍全国也。中国素食者必食豆腐，夫豆腐者，实植物之肉料也，此物有肉料之功，而无肉料之毒，故中国全国皆素食，已习惯为常，而不待学者之提倡矣……单就饮食一道论之，中国之习尚，当超乎各国之上，此人生最重之事，而中国人已无待于利诱势迫，而能习之成自然，实为一大幸事。"这段话，分析了西方素食之缺陷和中国素食之完备，更不乏对我国素食优良传统、特别是豆腐的溢美之词，令我这个素食者信心陡增。

常言道：病从口入。中山先生不愧为行医出身，在《建国方略》中，他用不小的篇幅，入情入理地分析了饮食与健康的关系："人间之疾病，多半从饮食不节而来。所有动物皆顺其自然之性，即纯听生元之节制，故以饮食之量一足其度，则断不多食。而上古之人，于今之野蛮人种，文化未开，天性为漓，饮食亦多顺其自然，故少受饮食过量之病。今日进化之人，文明程度愈高，则去自然亦愈远，而自作之孽亦多，如酒也、烟也、鸦片也，种种戕生之物，日出日繁，而人之嗜好邪僻，亦以文明进化而加增，则近代文明人类受饮食之患者，实不可胜量也。"

中山先生似乎在批评和劝诫当代的一些饮食不节、暴饮暴食之徒，同时，又以个人消化不良之症的诊疗过程，现身说法。下面，是他讲的一个他自己曾患胃病，而后治愈的故事，可谓循循善诱：

"作者曾得饮食之病，即胃不消化之症，原起甚微，尝以事忙忽略，渐成重症，于是自行医治稍愈，乃复从事奔走而忽略之，如是者数次。其后则药石无灵，只得慎讲卫生，凡坚硬难化之物，皆不入口……"当时，孙先生实在医治不好自己的消化之病，便开始寻找杏林高手，也许是他曾求学于日本的缘故，"……乃得东京高野太吉先生。先生之手术固超越寻常，而又著有抵抗养生论一书，其饮食之法，则寻常迥异。寻常西医饮食之方，皆令病者食易消化之物，而戒坚硬之质，而高野先生之方，则令病者戒除一切肉类及溶化流动之物，如粥糜、牛奶、鸡蛋、肉汁等，而食坚硬之蔬菜、鲜果，务取筋多难化者，以抵抗肠胃，使自发力，以复其自然之本能。吾初不之信，继思吾之服粥糜、牛奶等物，已一连半年，而病终不愈，乃有一试其法之意；又见高野先生之手术，已能愈我顽病，意更决焉。而先生则曰：手术者乃一时之治法，若欲病根断绝，长享康健，非遵我抵抗养生之法不可。遂从之而行，果得奇效……"

中山先生的胃病被治愈了，但以后又因食肉而复发。"于是不得不如高野先生之法，戒除一切肉类、牛奶、鸡蛋、汤水、茶、酒，与夫一切辛辣之品。而每日所食，则硬饭与蔬菜及少许鱼类，而以鲜果代茶水。从此旧病若失，至今两年，食量有加，身体康健胜常，食后不觉积滞，而觉畅快，此则十年以来所未有，而近两年始复见之者。"

看来，中山先生原来不是素食者，因为健康出了问题，而选择了素食

（鱼素即尚且吃鱼而不吃鸟兽之肉的素食），或者说，素食，治愈了他的顽疾。他作为一个学医出身的人，难道不懂素食有利健康的道理吗？是的，他不懂，不仅他不懂，很多专家、学者同样不懂。在此，中山先生做了坦率的自我剖析和养生心得的高度概括：

"余曩时曾肄业医科，于生理卫生之学，自谓颇得心得，乃反于一己之饮食养生，则忽于微渐，遂生胃病，及于不治，幸得高野先生着急抵抗养生术，而积年旧症一旦消除，是实医道中之一大革命也。于此可见饮食一事之难知有如此。且人之禀赋各有不同，故饮食之物，宜于此者不尽宜于彼；治饮食之病，亦各异其术，不能一概而论也。惟通常饮食养生之大要，则不外乎有节而已，不为过量之食，即为养生第一要诀也。"很多人误以为本人是由于从事动物保护工作才不吃肉的，其实是为"三生"，首先为个人生命的健康，其二为天下生灵的解放与安危，三是为地球生态的减负与和谐。

中国人多地少，无法承载人口过多之重，同样无法承载肉食过多之重，有这样一个数据：一块能维持 30 个素食者生存的土地，仅能养活一个肉食者。饮食健康上会"过犹不及"，生态安全上也会"因过致溃"的。

由此说来，素食不仅是利于自身健康的养生要义，还是利于国土安全的明智之举和爱国情怀，中山先生不愧为革命的先行者，在科学饮食方面同样深明大义："夫素食为延年益寿之妙术，已为今日科学家、卫生家、生理学家、医学家所共识矣。而（以农耕而非游牧历史为主线、为主体的）中国人之素食，尤为适宜。"

森林精灵——鸟类

    提起森林中的生灵，大家可以列举一大溜儿的名字，老虎、黑熊、野猪、野鸡、孔雀、驼鹿、松鼠、猫头鹰……最近一个动物节目说了一句颇为振奋人心的台词"中国是世界上唯一一个北有驯鹿、南有大象的国度"，这些动物无一不是依林为生，森林既是万物生灵的家园，觅食和隐蔽的场所，也是孕育了包括人类在内的众多生命的摇篮，从生命的初始意义来看，我们对森林也应怀着感恩之情，即所谓"不忘初心"。森林曾经孕育了、养育了我们，如今我们的祖先早已披荆斩棘走出森林，一路进化，日益强大，却恩将仇报，回过头去过度砍伐森林，难道不是忘了初心？

    其实，"厚德载物"的森林对于众生，始终是一种相依为命、互惠互利的关系，它既呵护了众生，众生也在维护着它的健康。过去，我们视老虎为山神，为森林守护神，就是因为虎啸密林，盗伐者胆怯，虎对食草动物的控制，也有效地保护了森林，而今虎影无踪，森林还有保护神吗？有人说，有啊，不是有"护林员"吗？的确，我们人类大有保护森林的愿望，但往往力不从心，试看对森林呵护最得力、最卖力、最奏效的"森林守护大军"是谁呢？就是种类众多的鸟类，如果评选"森林精灵"，我认为，首推鸟类，舍我其谁？诚然，世界上的鸟类，属林鸟叫的好听、长得美丽，因为林深叶茂，音容受阻，林鸟们就需要无所不用其极地强化自己的视听效果，宣传自己，找到伴侣，成家立业，生儿育女。如果以为鸟类是以外观美丽与叫声婉转，而称森林精灵，那又太浮浅、太表象了。

作为森林"医生"，鸟类对森林及城市园林的保护作用极其明显，很多农药无法杀灭的树皮下和果实内的害虫，却能被鸟类一个个地啄食。这方面最显著的例子是啄木鸟，三月份，我在位于北京城内高楼环立的中央社会主义学院学习，却不时见到、拍到大斑啄木鸟，令人喜悦。美洲有人研究两种啄木鸟，发现能消灭果园中越冬幼虫的52％。北京常见的三种啄木鸟，星头啄木鸟、大斑啄木鸟、灰头绿啄木鸟，它们在树木上忠于职守，又各司其职，为什么这么说？我们观鸟者都知道，这三种啄木鸟经常是分别见于树木的上、中、下三个部位，各有各的生态位。有人曾在一只杜鹃的胃里找出173条松毛虫、12只金龟子和49条舞毒蛾幼虫。很多鸟类对控制针叶林的危险敌人松毛虫有重要贡献，黑龙江省带岭林场招引益鸟防治落叶松害虫，使越冬的松毛虫从对照区的每株10.1只降到每株平均1.3只。自然界中鸟类的绝大多数是以昆虫为食或以昆虫饲喂雏鸟，它们在消灭害虫方面的作用是非常可观的。

控制鼠害。鸟类中的猛禽（鹰和猫头鹰类）大多是专门以老鼠等啮齿类为主食的，对于控制农林害兽很有帮助。有人在 360 只鵟（一种大型鹰类）的胃内一共找出 1348 只老鼠的尸体。有人计算，一只猫头鹰在一个夏季所消灭的老鼠，相当于保护了一吨粮食。对湖北武昌越冬长耳鸮的食物残块分析，有 70.3％ 是小型兽类，主要是黑线姬鼠。黑线姬鼠是我国农田中的重要害鼠，在很多地区还是危险疾病出血热的传播者，猫头鹰在控制鼠害的作用上，功不可没。

维护生态健康。自然界各种各样的鸟在捍卫人类经济利益和维护人类健康方面所起的作用，是难以估计的。过去人们以为农药可以代替一切，就滥施各种化学农药，结果污染了环境，导致环境中的人的健康受影响。如今，我们日渐认识到生物防治，特别是鸟类在自然生态系统中的巨大作用。

多样性与稳定性。我们说，林子大了什么鸟都有，这道出了森林中鸟类的物种多样性。森林灌丛为鸟类提供了丰富的食物资源、隐蔽场所和营巢地点，鸟类的种类多、结构复杂，包括鸮形目、雀形目和鸡形目等，这些鸟类翼较短，宽而钝，小翼羽发达；能在林中自由飞翔降落，脚趾在同一平面上，多数种类能抓握树枝停歇。针叶林鸟类主要有啄木鸟等鸮形目鸟类；松鸡、雷鸟等鸡形目中的鸟类；大山雀、太平鸟、交嘴雀、黄雀等雀形目鸟类；阔叶林鸟类主要有斑鸠等鸽形目种类；白头鹎、相思鸟、柳莺等雀形目鸟类；灌木丛鸟类主要有鸡形目的雉类；雀形目中的许多鸟如伯劳、画眉、山雀，等等。

基因与能量的输送与传播。鸟类还能够传播植物种子，许多种植物种子能粘着或缠附在鸟类的羽毛和脚趾上，让鸟带着做"免费旅行"，到新的环境中去发芽、生长，从而得到扩散，许多种鸟都嗜食苦楝等果实种子……于是这些鸟类便成为植物花粉及种子的传播者，尤其在热带地区更为显著。据统计，在澳洲地区专以花蜜为食的鸟类就有八十多种，其中见于我国南方的有食蜂鸟、太阳鸟、啄花鸟、绣眼鸟、鹎和鹦鹉等。它们穿飞于花丛之间，在啄吸花蜜时就起到传播花粉的作用。以植物种子为食的鸟类，特别是北方普遍分布的鸫、鸦、松鸦和星鸦等，对于许多树种的扩散有贡献，是自然界的"植树造林"能手。例如，星鸦嗜食橡树种子，而且秋天具有储藏橡子的习性，常常收集数以百计的橡子，贮藏在远处不同的角落，但却常常遗忘，这些被散布的橡子是橡树林扩展的一个原因。有人证明，某些硬壳的植物种子，在通过鸟类的消化道之后，更容易萌发；再加上附上的鸟粪，连肥料也提供了，当然更容易成活。反之，鸟类消失，植物也会随之消失，毛里求斯渡渡鸟的案例，便是前车之鉴。

鸟类最重要的、也是最容易被人们忽视的，是它们间接给人们带来的益处。据估计全球鸟类约有一千亿只。遍布在多种多样的环境内，它们在消灭害虫、害兽以及在维持自然界的生态平衡方面，有着十分重要的作用。就以消灭害虫、抑制虫灾来说，早已为先人所称道。据唐代博物小说《西阳杂俎》记述："开元中蝗虫食禾，有大白鸟数千，小白鸟数万，尽食其虫。" 有人计算，一只杜鹃，一天可吃170多条松毛虫；

一只大山雀，一天可吃 180 条各类害虫；一只啄木鸟，一年能啄食 50
万条寄生在树皮中的害虫，可使千亩左右的树木免遭虫蛀……一只燕子
在夏季能吃掉五十万到一百万只苍蝇、蚊子和蚜虫。群栖的一千只紫翅
椋鸟，在育雏期间能消灭 22 吨重的蝗虫。对新疆粉红椋鸟的调查发现，
它们在繁殖期能使捕食区内的蝗虫从每平方米 33 只下降到不足 1 只……
从生态稳定、生态安全的角度，我们把鸟类誉为"森林精灵"，甚至"大
地精灵"，毫不过分！

如东观鸟，勺嘴鹬等水鸟

北京"大红门"探析

一、南海子、海子门、特别是大红门的历史

翻开北京地图，你会发现京南有很多叫"门"的地名，什么大红门、小红门、西红门、南大红门、角门……其中一个最响亮的名字——大红门，为什么叫大红门？那是当年南郊皇家猎苑的一个门，北京城是坐北朝南，正阳门（前门）是北京的正门，而南苑为皇家苑囿，面对京城，坐南朝北，大红门为皇家猎苑的正门，南郊皇家猎苑是怎么回事？京南为什么会有南海子、南苑这些地名？

作为位于北京城南的古代皇家猎苑——南海子，这是明代的名称，已有 600 年的历史了，而早在 1000 年前，即辽代就有帝王（938 年）经常在此进行"放鹘禽鹅活动"；金朝定都北京后（1153 年），海陵王经常骑马"猎于南郊"；元代帝王更是把南海子作为皇家猎场来经营，时称"下马飞放泊"，面积四十顷，形成了皇家猎苑的雏形。明成祖朱棣迁都北京后，开始对南海子皇家猎苑进行真正的建设，于永乐十二年，在城南二十里（1 里 = 500 米），建起一座有 120 里围墙的猎苑，为与紫禁城之北的

海子（积水潭）相区别，而名南海子。以后，他每年都来此狩猎，成祖"永乐中，岁猎以时"（据《帝京景物略》记载）。

当年，朱棣决定从南京大举迁都北京，其劳民伤财的程度可想而知，为什么他还要在京城之南，建设这样一座猎苑呢？如果说，在这百废待举之际，皇上仅仅是为了游猎去兴师动众建造猎苑，那就太难解释了。

实际上，南海子皇家猎苑的兴建，既有历史的原因，更是现实的需要，一则这里是前朝天子渔猎之所，有沿袭之故；二则当地南有凤河，北有龙河，可谓龙飞凤舞的风水宝地；三则在此地筑墙，以"断南脉"，这才是朱棣大兴土木兴建南海子皇家猎苑的真实用意，为何？因为，朱棣是朱元璋的第四子，先王驾崩，根据"传长不传幼"的帝制，皇位应传给长子，但朱元璋的长子朱标早逝，便传给了朱标的儿子、长孙朱允炆，即建文皇帝，但朱允炆对他几位皇叔的"削藩"之举，惹怒了朱棣，与其坐以待毙，不如取而代之，经四年征战，他攻入了南京，推翻了建文皇帝，从侄子手中夺权即位，年号永乐，但是，这种抢班夺权之举，多少有些名不正、言不顺。当时建文皇帝仓皇逃窜，活不见人，死不见尸，不知所终，始终是朱棣的一块心病。由此，朱棣在皇城之南建起这么一座偌大的带围墙的猎苑，大有"阻断南方下落不明的朱允炆皇脉"的寓意。而南海子皇家猎苑的主门——大红门的历史，便从这600年前的永乐年间开始了。

明代永乐十二年（1414年），成祖朱棣以元代小海子的四十顷猎场为核心"增扩其地，建周垣百六十里土墙，设海户千人守视"，把元代皇家猎场扩大十倍，扩建为明代的皇家苑囿南海子，四周筑土墙。据《明一统志》南海子在京城南二十里，旧为下马飞放泊，内有按鹰台。永乐十二年增广其地，周围凡一万八千六百六十丈（1丈＝3.33米）。中有海子三，以禁城北有海子，故别名南海子（《明一统志》），可见明时已将这里改称"南海子"了。皇家猎苑，时辟四门：东红门、西红门、南红门、北红门，北红门即为正门。猎苑围墙内称海子里，以太监总领经营海子事务，署上林苑管辖。从此，这里真正成了皇家苑囿。

清入主中原，重视骑射，继续经营南海子这座皇家苑囿，更名为南苑，清康熙二十四年（1685年），康熙奏准新辟的五座海子门竣工，即黄村门、镇国寺门、小红门、双桥门、回城门，实现了与京城对应的九门之尊。基本上是每隔15里设一门，回城门是最南端的一座门。在北红门东边建的一门，称小红门，原北红门便改称北大红门，后简称大红门，这是皇家猎苑的正门。

事实上，南北两座大红门都是正门，其规制同为一大两小三座门，规模最大；镇国寺门、双桥门因时常过皇车，也是三门洞，只是规模略小些；西红门、黄村门、回城门为一大一小两个门洞；东红门和小红门则为一个门洞。

《钦定日下旧闻考、国朝苑囿、南苑》对南苑的门有详细描述：南苑缭垣为门凡九，正南曰南红门，东南曰回城门，西南曰黄村门，正北曰大红门，稍东曰小红门，正东曰东红门，东北曰双桥门，西南曰西红门，西北曰镇国寺门。九座海子墙的门内，各设十甲，另设正黄、镶黄、正白三旗管事人，以分别管辖海子地面，日久便形成各个海子门附近的村落，如西红门村、双桥门村、大红门村、小红门村。

清乾隆年间，花费三十八万两白银将土墙被改为砖墙，所谓："土墙砖以易，海户沐恩宽。"改建的苑墙长达"一万九千二百九十二丈"，折合今天的尺度为 59.81 千米。同时辟出十三座角门：栅子口角门、马道口角门、羊坊角门、毕家湾角门、辛屯角门、房辛店角门、大屯角门、北店角门、三间房角门、刘村角门、高米店角门、潘家庙角门、马家堡角门。

在所有海子墙的各门中，大红门是最重要的门。大红门始建于明永乐十二年（1414 年），重建于清康熙三年（1738 年），拆毁于 1955 年。它是帝王赴南苑行围狩猎的必经之所和歇憩之地，也是各地信使及给皇宫运送粮米、副食等的所经之地。大红门有三座方形门洞，中间的大，两边的小些，飞檐斗拱的门楼，上覆黄色琉璃瓦，大门漆红色。大红门两侧建有东门房、西门房，住有军门负责南苑九门的门军联络。门内建有奉宸苑、更衣殿、地藏庵、龙神庙等。

设于康熙二十三年（1684 年）的奉宸苑是管理整个南苑事务，包括行宫、寺庙的行政机关，相当于明朝的上林苑，其官署旧址在今大红门东后街 156 号院内，现为北京磁性材料厂的宿舍院内。据《清史稿》：南苑奉宸苑的职能为"卿掌苑囿禁令，以时修葺，备临幸"。

据《钦定日下旧闻考、国朝苑囿、南苑》：南苑总尉一人，正四品，防御八人，正五品。凡田于近郊，设围场于南苑，以奉宸苑领之。统围大臣督八旗统领等，各率所属官兵，先莅围场布列，镶黄、正白、镶白、正蓝四旗以次列于左，正黄、正红、镶红、镶蓝四旗以次列于右，两翼各置旗以为表……合围较猎。奉宸苑设郎中一人，时常与都虞司、上驷院、庆丰司、掌仪司、广储司打交道，这些机构均直接受皇帝指挥。清末，奉宸苑被废除后，这里就成了民国的南苑警察署。

据史料记载，仅明清两代的 460 多年里，至少有十二位皇帝游幸过南海子，累计次数达 130 余次。顺治皇帝有三分之一时间是在南海子度过的，乾隆皇帝在位时更是对南海子情有独钟，仅作的有关南海子的诗歌就达 400 余首。如今在北京麋鹿苑的乾隆诗碑上，便能看到四面镌刻的乾隆诗。

大红门内的更衣殿是帝王进入南苑后更换衣服的地方，更衣殿与奉宸苑相邻。帝王身穿朝服，乘辇坐轿，出紫禁城，沿南中轴线南行，进入大红门，需要在更衣殿换上运动装即骑射服，《日下旧闻考》记载："南苑官署房三层，共十有八间。更衣殿，乾隆三年（1738 年）建，殿内恭悬御书额曰：'郊原在望'，联曰：'旧题在壁几行绿，晓日横窗一抹殷'。"官署房清时所建，进门有影壁，坐北朝南，分前厅和后厅。前厅十间，后厅两处，各 3 间。更衣殿南向，门二层，大殿 3 间。

南苑奉宸苑官署旧址，民国时期为大兴县南苑区警察分所驻地，1935年 3 月大兴县署由北京城内迁至此地，1937 年 9 月移于南苑镇营市街。新中国成立后曾为市农场管理局驻地。

大红门曾经是北京的一处难得的景观，弯弯曲曲的凉水河和高低起伏的海子苑墙，交相辉映，在大红门北边由西向东延伸。清澈的水河映照着南岸红色的苑墙和北岸的九龙山。凉水河、九龙山、苑墙宛如三条欲飞的巨龙。凉水河里鱼群畅游，河畔稻田碧绿，九龙山上桃红柳绿，苇塘里水鸟鸣叫，形成一条独特的风景线。凉水河上有一座石桥，名永胜桥、大红门桥。凉水河北岸有九龙山，共三座土山，高十余米，长约 1.5 千米。九龙山北边有一座碧霞元君庙，俗称南顶，是北京"五顶"之一。庙前有两座牌楼，为四柱三卷门式，楼顶为筒瓦大歇山顶，五彩重昂斗拱。

大清皇帝、官员、诗人多有诗文赞颂大红门或描述周边环境的，清代吴长元《宸垣识略》载："九龙山在南顶永胜桥北岸，乾隆间疏浚凉水河土堆成。自西至东，约长三里，高二三丈不等。委蛇起伏，宛如游龙，环植桃柳万株。开庙时，游人挈榼敷席群饮。夏木阴阴，水田漠漠，不减江乡风景也。"清翰林院编修查慎行作有《南海子》第一句就是"红门草长少飞埃，万顷平畴掌上开。一道修眉浓似画，近南遥识晾鹰台。"乾隆的四子爱新觉罗永珹《南海子行》："红门四辟通苑路，苑中极目皆平原。略无高山与流水，长林迤逦丰草繁。"

清嘉庆帝有诗《海子较猎即事》："帝京直望近红门，讲武欣来春正暄。云路当年怀雁序，天家此日集麟孙。"《南苑》："十里郊南路，红门启上林。岁时搜狩礼，田亩豫游心。羽仗连花影，帷宫接柳阴。凤城回首望，缥缈五云深。"都对红门即大红门附近发生的事件和景观做了描述。

1900 年，八国联军洗劫南苑，焚烧南红门，之后，南苑各处又屡遭兵燹。至 1949 年解放时，各门都已经荡然无存，仅剩的大红门，由于妨碍交通，经报请北京市政府批准后拆除。1955 年 8 月，在北京通往南苑的要道上，一座三门洞的、朱红门窗、金黄屋顶、飞檐斗拱的门楼，被拆除了。这是南苑皇家猎苑九座大门中的最后一座。从此，这些皇家猎苑原址上的诸门，彻底消失了，从此，南苑便有名而无门了。

二、阅尽沧桑的大红门

大红门可谓阅尽沧桑，历史上一些著名事件和故事，就发生在大红门的周边和这一地区。康熙皇帝于康熙十四年闰五月在大红门举行过隆重的郊劳礼，迎接平叛凯旋的将军。是年三月，内蒙古察哈尔部首领布尼尔趁北京清军赴前线围剿三藩之机，在东蒙辽西一带发动叛乱，起兵反清，康熙帝派大将军鄂札、副将军图海率数万人出兵追剿。出师两个月的大军迅速平定布尼尔的叛乱，解除清朝在三藩之乱时的后顾之忧，清军凯旋，康熙甚为高兴，亲率诸王贝勒大臣于南苑大红门举行隆重的郊劳礼。

清代南海子鼎盛时期，每年春季都会举行一场"殪虎之典"，有八旗士兵与虎搏斗，最后由皇上亲自杀虎，众人喝彩，山呼万岁。

据《彭公案》记载，黄三太祖籍台湾永和，自幼喜爱舞枪弄棒，江湖人称金镖黄三太。三月初九，康熙皇帝的仪仗浩浩荡荡自北向南而来，仪表不凡的黄三太得九门提督飞天豹武七之助，于康熙出猎时假充武弁随行，从北大红门进到南苑，一直来到晾鹰台，随着皇上一声令下，殪虎开始。虎枪营士兵将猛虎团团围住，你刺我戳，不久，老虎奄奄一息了。这时，康熙皇帝催马前来，欲刺虎最后一枪，忽然，猛虎腾起，向皇帝扑来，康熙拨马便走，老虎紧追不舍，跑出一里有余，在这紧要时刻，骑着黄骠马的黄三太及时赶到，掏出飞镖一抖手就是一镖，老虎一声大啸转身扑向黄三太，黄三太手疾眼快又是一镖，正中虎的命门，顿时毙命。待众侍卫赶到，救驾已毕。皇帝脱下身上的黄马褂赏给了黄三太，黄三太得钦赐黄马褂，飞身上马，春风得意地跑出北大红门。

清末以来的南海子，于清光绪三十一年（1905年），清政府设立练兵处，将北洋陆军第六镇派驻南苑，在今南苑镇南修筑驻兵营房，驻有北洋陆军第六镇二十一标、二十二标、二十三标、二十四标、马标、炮标各三营及辎重营、工程营、执法处等。

清光绪三十二年（1906年），练兵处呈请修筑北京城到南苑营盘的小铁道，以便陆军第六镇派拨兵队负责保卫京城和协助巡查。京苑轻便铁道的修建，促进了南苑地区的开发和建设。

清末，今南苑镇一带名万字地，又作"卍"字地，尚未形成村镇，北洋陆军第六镇在此驻扎期间，修筑了营房、壕墙，开辟了营门6座。营房北面陆续建有茶馆、饭馆、澡堂等生活服务设施，逐渐发展成营市街、粮食市、带子市、柴禾市等几条街道，形成了南苑镇的雏形。南苑镇内有商会、水会、电话局、电报局，有永兴和、同裕厚、忠厚居、华宾楼等商号、饭庄，已基本上形成现在镇内街道格局。

辛亥革命以后，随着南苑镇的发展，原来的"万字地"旧名逐渐被"南苑"取代，"南苑"不再是清朝皇家苑囿的专称，而是作为一个村镇名称出现在北京地图上。1913年，当时的北京政府在南苑陆军驻扎所西南隅建立了航空学校。这是我国的首座航空学校。南苑有我国第一个航空基地，又有京苑轻便铁道、公路与北京相通，其战略地位日显重要，已成为北京城南的重要门户。民国时期，直奉战争爆发，直鲁联军攻打北京，连年军阀混战，给南苑地区人民群众造成巨大的灾难。

1922 年，冯玉祥任陆军检阅使，秋末，率部进驻南苑，司令部就设在南苑机场内的原神机营都统署旧址"七营房"，驻军三年，办学校，重绿化，修水坝，德政利民，在北天堂村还留有一块《冯检阅使德政碑》，为当年京兆永定河河务局局长孔祥榕等恭立。更为值得称道的是，日寇侵华，冯玉祥将军在南苑为表抗日心情，在大红门的门洞上题了三条大字标语，在东小门洞上题写"努力奋斗"，在西小门洞上题写"救我国家"，在中间门洞上题写的是"亡国奴，不如丧家犬"。

1937 年"七七事变"时，大红门是二十九军与日军激战最烈的地方，大战前夕，冯玉祥去庐山开会在南苑乘飞机，还赠剑给南苑军训团，上书"誓杀倭寇，尽忠报国"，以激励将士们的斗志。1937 年 7 月 28 日，日本侵略军出动飞机数十架，向驻扎在南苑营房的国民党二十九军轮番轰炸，二十九军官兵奋勇抗敌，一名学员还用步枪击落一架日机，副军长佟麟阁、一三二师师长赵登禹在战斗中壮烈殉国就，都牺牲在大红门附近。据记载，当天黄昏，在北大红门的南侧，日军河边旅团黑本联队以为驻守南苑的二十九军守军只是军部首脑和后勤人员，没有重兵把守，不料激战一天未能拿下。傍晚，二十九军军训团在佟麟阁将军最后发出撤退指令后，黑本日军前堵后围，把守卫东侧防线的二十九军军训团团团包围在大红门外的芦苇地，前来增援的赵登禹部守卫南苑西侧防线，与日军二十师团对峙，在团河失守后，且战且退，意图向大红门佟麟阁部会合，在距离二三里的黄亭子，赵将军遭日机机枪扫射，中弹身亡，余部突围，终于与佟麟阁部会合，先已受伤的佟将军孤守在大红门附近的砖窑内，不久也殉国了，剩余部队在地下党、副参谋长张克侠率领下经久敬庄突围回到北平时，已不足百人。大红门是前朝皇家猎苑的大门，也是当时北平的门户，此后，门户顿开，北平沦陷。大红门就见证了历史上极其惨烈的南苑抗战的沉重一页。如今，实在有必要设立雕塑和纪念碑以铭记。北平失守后，1937 年 9 月敌伪组织将大兴县政府迁至南苑镇营市街（今南苑路新华旅店）。抗日战争胜利后，以清朝皇家苑囿南苑的范围划分为南苑区，为大兴县 6 个辖区之一。

1948 年 12 月，中国人民解放军先后攻克丰台、南苑等外围据点。

1949 年 1 月 31 日，北平宣告和平解放。从此，揭开了南苑地区开发历史上崭新的一页。

三、大红门的建筑规模、形制和重建可能

多年来，我们一直以为大红门是拱形的三座门，那是根据麋鹿苑最初办展览参考的老照片，是一张黑白的苑园图。但后来进一步查资料发现，这并不是南苑的大红门，而是南苑中某一行宫的大门。

后来，我们得知《康熙南巡图》绘有大红门，作者是清初画家王翚，在第一卷中出现北大红门：描绘了康熙二十八年正月初八，车驾从永定门到南苑，画面从永定门开始，文武百官随行，浩浩荡荡，骑白马的玄烨在护卫前呼后拥下逶迤而行，车水马龙，旌旗招展，前哨已过北大红门外的凉水河石桥，抵近南苑，沿途仪仗严整，直至南苑的大红门。从画面看，北大红门有三个门洞，均为方形，中间高大，两边的稍小。

南苑北大红门位于今丰台区大红门北站，凉水河南 255 米处。南北向，

三个门洞，1955 年 8 月 23 日至 8 月 29 日被拆除，是南苑诸门最后被拆掉的一座。麋鹿苑博物馆的靳旭老师还从北京档案馆的小红门拆除报告中查到一张《南苑大红门草图》，图样绘制规整，应为行家里手所画。估计是 1955 年拆除大红门时所留下的最后的图像资料。

2011 年，北京市政协文史委为北京中轴线的申遗工作，多次实地考察和召集会议，从中轴线永定门南望，最著名的古迹就应是大红门了，如今，却有名无实，古画和草图的再现，给下一步对大红门的修复与再建，提供了确凿的史实依据。

据了解，由于现在对古建筑的数据积累和计算机技术的广泛应用，已经可以做到根据一两张草图进行三维建模，所需费用不超万元。如要复现大红门建筑群的原貌（包括新中国成立后被改作大红门派出所的东官房等建筑），则需要查阅更多的资料，走访更多当年在大红门附近居住、工作过的老人。而这些人，现在基本上都已年届八旬，再晚两年就不知是否能寻访得到了。到那时，大红门是否就会从我们的记忆中永远消逝？那将是一件难以弥补的憾事！

科技、绿色、特别是人文北京的建设，北京城南行动计划的实施，也为我们复建大红门提供了机遇，愿大红门能够成为永定门复建之后，屹立于南城的又一座地标性建筑和令后代一睹昔日芳华的丰碑。为此，我呼吁，再建南海子的同时，再建大红门，设立祭奠南苑抗战英灵的雕塑或碑亭。延展南中轴，亮相大红门，为起飞的南城，开启盛世之门。

后 记

《创作、写作、讲座》——科普耕耘二十载，狗年方获研究员

2018 年 12 月 14 日，在北京市科学技术研究院的高级职称评审会上，本人在限定的 4 分钟里，以每分钟 15 页 PPT 的速度，做了题为《创作、写作、讲座》的科普研究员的申报并通过答辩，终于结束从 1994 年至 2018 年 24 年副高职称的漫漫历程。

其实，当场就有人提出质疑，为什么你这么多年都没有申报正高？我的回答很简单"没有路径"。说白了，本人 33 岁成功地晋升为高级经济师后不久，因进入科普领域，职称晋升上便走投无路，最早写的《世界猿猴一览》一书，因为被认为是科普类书籍而被职称评委会拒之门外，以后，任凭有何业绩，都因没有相对应的职称系列而每每无果，不知要等到猴年马月了。不料，在农历狗年的 2018 年，北科院职称改革，凭业绩、凭成就、凭代表作，科普工作者也可以申报正高职称了，真是"柳暗花明又一村"。那么，本人的科普成果何在呢？简单说，体现于我汇报的三方面"创作、写作、讲座"。

一、创作：创意作品

主要是科普设施项目的创作—— 1998 年至今，作为麋鹿中心科教项目负责人，深耕细作 20 年，使这里的生态保护科教水平初具规模。成龙

ROBIN | GUO GENG

配套地完成了全苑科普设施的创意、规划、设计、制作，达30件，几乎遍布全苑，可谓：深耕鹿苑多年，郭耕创意频繁。

内容主要有：

1. 大红门一比一的再现；

2. 乾隆大阅图之浮雕；

3. 麋鹿科学发现纪念碑；

4. 回归文化园之南囿秋风石；

5. 倒立麋角水泥雕塑；

6. 麋鹿三个纪年纪念长板；

7. 回归文化园麋鹿诗歌座椅；

8. 绿色迷宫；

9. 低碳日晷；

10. 地球号方舟；

11. 动物之家科教系列设施……

12. 森林木雕塑；

13. 观鹿台之"瑞泽"对联；

14. 鹿苑景窗画框；

15. 湿地文化长廊；

16. 麋鹿文化桥；

17. 人与动物之生肖雕塑；

18. 科普栈道之唐诗里的麋鹿和生物多样性知识介绍牌；

19. 鹿剪影东方护生诗画；

20. 麋鹿瓦当花墙；

21. 麋鹿古字墙；

22. 观鸟廊；

23. 最可怕动物问答箱；

24. 环苑环保双语格言教育径；

25. 鲨鱼翅石雕；

26. 海鸟欢聚游戏设施；

27. 湿地科普长廊两座；

28. 栈道亭廊的十八大、十九大生态文明集锦；

29. 个性化导览、导视、警示牌内容；

30. 世界灭绝动物公墓多米诺骨牌与墓志铭。

科普内容创造性明显，其中的麋鹿科学发现纪念碑，获得国家知识产权局颁发的外观设计专利，真正践行了科技创新、科学普及、车之两轮、鸟之两翼。2016 我撰写的论文"法国仨神甫 博物京津沪"，发表在中国科学技术协会主管刊物《自然科学博物馆研究》（Journal of Natural Science Museum Research），为这座我设计的纪念碑做了详尽的理论诠释。

交流开卷有益、弘扬护生文化……作为中国动物成功保护的典范和窗口每年平均至少接待 30 万受众。每年还接待多批，亚太经合组织、一带一路等各国宾客。更有党校、林大、师大、中科院研究生院等把这里作为户外实训基地。

科普内容先进性明显，2017 年 10 月 25 日，即党的十九大闭幕的一周后，我创意的科普长廊十九大生态文明集锦，已隆重推出。习近平说："生态环境没有替代品，用之不觉，失之难存。"这句话恰恰就被我们镌刻在我们灭绝动物墓地附近的石碑上。

这一系列的科普设施，从实践意义看，对社会有较大的指导意义和推广价值、应用价值，成为广大公众、大中小学，甚至特别被中共党校作为林业学员的生态文明实训基地。我们的环境教育、自然体验、生态旅游、传统文化、护生思想……正在得到社会各界更广泛的认同。当然，很多特约团体和教学体验都是由我披挂上阵讲解的，好在麋鹿苑科教设施多是我的创意，娓娓道来，如数家珍，正所谓四不像之一的"像导游不是导游"。

多数创意都是有一定理论或思想基础的，动物之家，换位思考。蜘蛛之家欢迎上网……燕窝，地球公民的反思……雕塑"森林木十"的森林文化创意，源于对这句"人类文明从砍第一棵树开始，到砍最后一棵树结束"至理名言的深思。而大红门与乾隆大阅图雕塑，理论支撑则见于刊登在 2012 年第 1 期市政协刊物《北京观察》的"阅尽沧桑大红门"文章。

本人的创意与影响可以说，动物灭绝墓地创意，入教材。科学发现纪念碑，获专利。与珍尼古道尔交往之文，进课本。成系列的科教设施，支撑了生态文明实训基地。传统护生，荒野保护，古为今用，洋为中用。环保拍手歌，年讲百余场；保护齐宣誓，年导数十万。黄河诗、湿地诗、独角剧，独具一格。

二、写作、著述 24 余部

1. 博物类

《世界猿猴一览》科学普及出版社（1994 年）；

《灭绝动物挽歌》中国环境科学出版社（1999 年）；

《猿猴亲子图》花城出版社（2003 年）；

《鸟语唐诗 300 首》北京日报出版社（原同心出版社）（2006 年）；

《兽殇》大连出版社（2008 年）；

《中国博物馆探索游：麋鹿苑》电子工业出版社（2010）；

《故事中的科学（动物）》电子工业出版社（2013）（又名《动物，与野性挚友密语》）；

《猿猴那些事》中国林业出版社（2013）。

2. 环保类

《地球伦理》三辰出版社（2011）；

《保护环境随手可做 100 件小事》吉林人民出版社（2000）；

《天人和谐：生态文明与绿色行动》山东教育出版社（2010）。

3. 随笔类

《鸟兽的绝唱》江苏人民出版社（2001 年）；

《鸟兽物语》北京出版社（2002 年）；

《鸟兽悲歌》化学工业出版社（2005 年）；

《天地狼心》化学工业出版社（2007 年）；

《心系鸟兽》湖北科技出版社（2013）；

《鸟瞰》科学普及出版社（2015）；

《知"耕"鸟》科学普及出版社（2019）。

4. 翻译类

《动物与人》湖北少年儿童出版社（2009）；

《哺乳动物》湖北少年儿童出版社（2009）；

《西顿动物故事》接力出版社（2012）。

5. 童书类（读者群）

《读古诗看生命》甘肃少年儿童出版社（2011）；

《十二生肖探险之旅》中国少年儿童出版社（2013）。

个人以为，哪部著作都各具千秋，但为了应对评委会"一本代表作"的要求，我权以《鸟兽物语》为代表作提交了上去。2002年北京出版社推出的《鸟兽物语》是一本以科教兴国精神和悲天悯人情怀，按"四不像"特有的科普方式撰写出版的个人著述，通过"鸟兽物语""放飞心灵""从善护生"三部分，向读者和盘托出、娓娓道来的。（2002–2012）重印两个版次，印数12000册。

本书创作手法具有创新性，科普书籍与科普设施的结合；写作与活动的结合；科技与人文的结合；自然科学与文学的融合；生物学与博物学的结合；生态与心态的结合；环境与心境的结合……

表现内容的创新程度：内容涉及动物学、生物学、分类学、博物馆学、生态学、伦理学、民俗学、历史学、旅游学，通过戏剧、诗歌、散文、游记、论文、考证、演讲稿、科学随笔、科普小品……兼收并蓄，深入浅出。《鸟兽物语》中的很大篇幅，都是作者在十余年动物保护经历中所亲历的事件并为所在单位麋鹿苑的科普设施、科普作品、科普小品、科普活动等提供文思泉涌的创意来源。

内容形式具有独特性，篇头语即作者的演讲词，如"墓志铭""演讲结束语"。插图不乏个人亲历之事，文字多以第一人称道白，亲和、率真。指点江山，激扬文字，有褒也有贬，直言不讳。大量珍贵图片，如白鳍豚、神农白熊、与古道尔……有诗有画，有歌有剧。嬉笑怒骂，皆成文章。形式跳跃，主题执着，个性张扬，跃然纸上。晓之以理，动之以情，导之以行兼顾。如观鸟、素食……不仅知识，而且意识；不仅理念，而且信念。字里行间注重道德的弘扬——环境道德，伦理的提升——大地伦理，文明的呼唤——生态文明。

《鸟兽物语》中，提出的概念、理论、见解、方法对本学科有较大的推进作用。对社会、对同行，有较大的实践指导意义和推广应用价值。如环保拍手歌、动物保护誓词、绿色格言警句，学校教学，直接可用。

《鸟兽物语》一书获得国家优秀科普图书二等奖；北京市科学技术奖三等奖。

本人自称四不像，之一就是"像作家不是作家"。不仅写书，更写文编教材。

社会效益来，著文进教材，"珍妮古道尔和黑猩猩"一文，收入教育科学出版社《语文自学辅导教学实验教材，三年制初级中学 第二册》。

"珍妮·古道尔和黑猩猩交朋友"一文，收入人民教育出版社，《义务教育课程标准试验教科书 生物学 八年级上册》。

所创意的灭绝动物墓地，所撰写的灭绝动物墓志铭、图文材料、介绍麋鹿及其相关科学知识，为中学提供了课程学习单，形成出版物《北京市初中开放性科学实践活动项目手册》，人民文学出版社，第215–223页内容。中学教材，麋鹿素材；不是名家，常登大雅；不是博士，涉猎博学；非科学家，做科普事。基于我的养猴经历和猴书的撰写，还登上了CCTV"百家讲坛"，并形成我的十大讲座之一的"世界猿猴漫谈"。

三、郭耕十大科普讲座

1. 生态文明与绿色行动

2. 生态生命生活

3. 湿地、诗意之地

4. 麋鹿沧桑

5. 灭绝之殇

6. 世界猿猴

7. 生态旅游

8. 观鸟：历史与文化

9. 动物与人

10. 健康环保我行我素

本人作为几个演讲团成员"中科院科普演讲团""中国科普作家演讲团""绿色北京宣讲团"成员，每年演讲上百场，足迹涉及全国各地。科普讲座，体现了我作为科普四不像之一的"像教师不是教师"。几年来，在一些科普演讲的尾声，我都以一个独角剧《动物联合国大会》结束，这是最具个人特色的演讲，不仅讲，而且演，可谓声情并茂，惟妙惟肖，既身先士卒带动了单位科普年轻人都来参加科普剧的编演，也通过动物角色扮演，知行合一地践行着"请来表演动物，抵制动物表演"的倡议。我总结的绿色演讲与写作相得益彰的六自箴言是：自觉、自愿、自编、自写、自导、自演。

多年来，作为市区两级政协委员，三届政协，百余提案。当然，我作为政协委员的十几年，所写的提案也多是涉及生态环保题材的，因此被誉为"绿色委员"。如今社会职务基本卸任，洗尽铅华，唯有科普。

科普已经不仅仅是科学知识的普及，还为达到公众理解的目的，更要追求全社会科学精神的提升。动物保护科教，二十年如一日。生态保育，服务社会。坚持不懈的创作、写作、讲座，笔耕不辍，人如其名，多少还实至名归地获得一些社会认可和荣誉，特别是环保上的殊荣。仅 2018 年本人就获得首都十大环保明星、首都环保先进个人的荣誉称号。本兼各职更是名目繁多，除了现任北京麋鹿生态实验中心副主任职务，社会任职有：中国环境文化促进会理事、北京林业大学人文社科学院生态文化研究中心特约研究员、中国科学院研究生院人文学院科学传播中心特聘研究员、北京动物学会科普委员会主任、中国科普作家协会常务理事、中国科普作协科普摄影专业委员会副主任、北京少儿科普协会副理事长、中国生物多样性保护与绿色发展基金会观鸟专业委员会理事、中国科普作协生态专业委员会副主任……正所谓科普四不像之一的"像专家不是专家"。

简而言之，用几句话来概括本人晋升科普教授的业绩是：

动物保护30年，创意作品30件，笔耕著述20部，科普讲座10主题。

图书在版编目（CIP）数据

　　知"耕"鸟：郭耕拍鸟攻略 / 郭耕著 . — 北京：科学普及出版社，2020.1

　　ISBN 978-7-110-09952-0

　　Ⅰ . ①知… Ⅱ . ①郭… Ⅲ . ①鸟类 - 普及读物 Ⅳ . ① Q959.7-49

中国版本图书馆 CIP 数据核字（2019）第 084299 号

策划编辑　杨虚杰
责任编辑　田文芳
装帧设计　林海波
责任校对　邓雪梅
责任印制　马宇晨

出　　版　科学普及出版社
发　　行　中国科学技术出版社有限公司发行部
地　　址　北京市海淀区中关村南大街 16 号
邮　　编　100081
发行电话　010-62173865
传　　真　010-62173081
网　　址　http://www.cspbooks.com.cn

开　　本　880mm×1230mm　1/32
字　　数　165 千字
印　　张　8
版　　次　2020 年 1 月第 1 版
印　　次　2020 年 1 月第 1 次印刷
印　　刷　北京博海升彩色印刷有限公司

书　　号　ISBN 978-7-110-09952-0/Q · 243
定　　价　58.00 元
